图说

海洋地理

一帆 编绘

化学工业出版社

·北京·

图书在版编目（CIP）数据

图说海洋地理/一帆编绘.—北京：化学工业出
版社，2024.6
ISBN 978-7-122-45417-1

Ⅰ.①图… Ⅱ.①一… Ⅲ.①海洋地理学-青少
年读物 Ⅳ.①P72-49

中国国家版本馆CIP数据核字（2024）第072734号

图说海洋地理
TUSHUO HAIYANG DILI

责任编辑：隋权玲　　　　　　　　　　　装帧设计：宁静静
责任校对：宋　夏

出版发行：化学工业出版社（北京市东城区青年湖南街13号　邮政编码100011）
印　　装：北京宝隆世纪印刷有限公司
710mm×1000mm　1/16　印张8　字数102千字　2024年6月北京第1版第1次印刷

购书咨询：010-64518888　　　　　　　售后服务：010-64518899
网　　址：http://www.cip.com.cn
凡购买本书，如有缺损质量问题，本社销售中心负责调换。

定　　价：58.00元

　　海洋，覆盖着地球表面约 70% 的面积，是地球上最神秘、最壮丽、最广阔的存在。它蕴含着无尽的奥秘和宝贵的资源，自古以来便吸引人类对它展开探索和研究。

　　你眼中的海洋是什么样子的？我想一定是一片蔚蓝的海面，有咸湿的海风吹拂，翻涌的浪花袭来，大小船只往来航行，还有可爱的海洋动物和奇特的海洋植物。但这些还不是海洋的全部，尽管今天的科技已经十分发达，但人们对海洋仍然知之甚少。神秘的海洋还有许多不为人知的方面，等待我们去探索、去发现。

　　想要探索海洋，我们首先要对海洋地理有基本的认识。什么是海洋地理呢？《图说海洋地理》将为你进行解答。本书共分为"蓝色星球""海与洋""海洋地理""海水运动""海洋危机与保护""未来海洋城市"几个部分，汇集了目前人们对海洋已知的认识，从海洋是什么、海洋环境、海水运动等蓝色星球的奥秘到海洋的各种地理特征，再到海洋面临的危机与保护，以及对未来海洋城市的想象，涵盖了海洋地理的多个方面。同时，本书还配有大量精美而写实的手绘画作，直观地描绘出了人们见过的或未曾见过的海洋景象，让读者可以系统地掌握海洋地理的相关知识，深切体会海洋的无穷魅力。

　　《图说海洋地理》不仅是一本科普读物，更是一次启发思考、激发探索精神的心灵之旅。希望每一位翻开此书的读者都能从中收获知识，培养关爱地球家园的情怀，共同守护好这片蔚蓝的海洋。让我们携手开启这场奇幻的海洋探险吧！

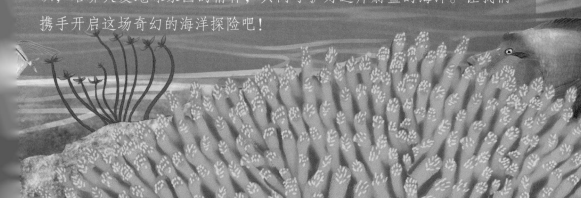

目录 CONTENTS

第一章

蓝色星球

地球上的水

20世纪，人造卫星升入太空，人们在外太空看到了地球的"面貌"——一颗巨大的蓝色"水球"。地球表面超过70%的面积被液态水覆盖，其中最主要的组成部分是海洋，除此之外，还有湖泊、河流以及地下水等。

🐚 地球上的水圈

水圈是地球表面和围绕地球的大气层中存在着的各种形态的水，包括液态、气态和固态。地球水圈中的大部分水以液态形式存储在海洋、河流、湖泊、水库、沼泽和土壤中，固态水存储在冰原、冰川、积雪和冻土中，气态水主要存在于大气中。

被海洋覆盖的星球

地球表面积为5.1亿平方千米，其中海洋的面积有3.61亿平方千米，占地球表面积的70.8%。

地球水圈中的气态水

地球水圈中的固态水

地球水圈中的液态水

地球上的水量分布

海洋及其他咸水占97.47%　　冰和冰川占1.76%

湖沼水占0.0076%　　河流、生物水占0.0003%

地下水占0.76%　　大气水、土壤水占0.0021%

🌀 水的循环

　　地球上的水处在不停运动之中，并且不断地变换着存在的形式。液态的水变成水蒸气，再由水蒸气变成降水，如此循环往复。

海洋、湖泊、河流等通过蒸发为大气层提供了近90%的水分。

太阳的辐射热量使水分蒸发升腾进入空气。

风吹动云在陆地上空飘动。

大气层中的温度比较低，冷却的水蒸气形成了云。

云中的水蒸气不断凝结，遇冷形成降雨。

有些水蒸气以雪的形式降落，积雪融化后水沿地面形成融雪径流，汇入江河，流进大海。

雨水落入溪流、江河中。

有些雨水渗入地下，形成地下水，其中一部分回到海洋。

水循环示意图

　　地球水圈的主要组成部分是海洋，海洋中水的总量是河流、湖泊、表层岩石孔隙和土壤中陆地水总量的35倍。

3

海洋从哪儿来?

辽阔的海洋占地球表面近四分之三的面积，这里孕育了最初的生命。一望无际的海洋让人向往又迷惑：那么多的海水究竟是从哪儿来的呢？

海洋的形成

海水到底从哪儿来？科学界至今没有定论。

彗星带来的海水

对于海水的来源，一些科学家认为是撞击地球的彗星带来的。地球刚形成时是一个"火球"，而彗星的主要组成部分是水冰。彗星撞向地球发生汽化，水汽被留在地球的大气层中，最终形成雨落到地球上。

从火山喷发而来

大约在46亿年前，原始地球刚刚形成。那时的地球是个"火球"，上面既没有液态水，也没有生命。由于地球内部的冲击和挤压，地震和火山爆发频发，地表不断向外喷涌岩浆。这个过程释放的水蒸气、二氧化碳等气体逐渐构成了稀薄的原始大气层。地球上的水分不断升腾，在原始大气层中凝结，超过大气层的承载力时，就降下成为雨水。

太阳风"吹"来的海洋

有的科学家认为,地球上的水是太阳风的杰作。太阳风到达地球大气圈的上层,带来大量的氢核、碳核、氧核等原子核,这些原子核与地球大气圈中的电子结合成氢原子、碳原子、氧原子等。通过不同的化学反应变成水分子,再以雨、雪的形式降落到地面。

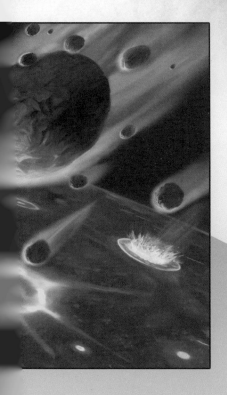

持续不断的降水汇聚在一起,携带着被侵蚀的矿物质流入洼地,覆盖了地球表面绝大多数地方,这就是原始的海洋。

海水

人们喜欢用"蔚蓝"一词来形容海洋，可海水真的是蓝色的吗？当然不是，海水和普通的水一样，是无色透明的。那么，为什么从远处看大海，海水是蓝色的呢？

"多彩"的海洋

如果看遍世界海洋图册，你就会发现，除了蔚蓝，海洋还有很多其他颜色。从深蓝到碧绿，从微黄到棕红，甚至还有白色的、黑色的。

哪些因素会影响海洋颜色？

影响海洋颜色的因素很多，如海水的光学性质、海水中的悬浮物质、海水的深度、云层的厚度等都能影响海水的颜色。

悬浮物质　海水深度　云层厚度

红藻
红海

红海的水温及海水中的含盐量比较高，大量的红褐色藻类在海里繁衍，成片的红色海藻把红海"染"成了一片红色。

污泥
黑海

黑海的海底堆积着大量的污泥，这是黑海海水"变黑"的主要原因。

冰盖
白海

白海在冰冷的北冰洋的边缘，结冰期达6个月之久，冰雪常年不化，海面被白雪覆盖。由于白色表面的强烈反射，一眼望去，人们看到的就是一片白色的海洋。

🐌 海水的味道

大海被称为"盐的故乡"。海水中的盐含量很高,其中约90%是氯化钠,此外还有氯化镁、硫酸镁、碳酸镁等多种物质。氯化镁的味道是苦的,再加上比重大的氯化钠,海水的味道因此又咸又苦。

地球上刚出现海洋时,海水是酸性的。经过亿万年的水分蒸发、反复降雨、陆地和海底的盐分汇集,海水由"酸"变"咸"。

死海沿岸景色

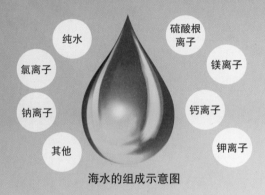

海水的组成示意图

（纯水　硫酸根离子　氯离子　镁离子　钠离子　钙离子　其他　钾离子）

死海

死海的盐度大约是普通海水的10倍。这使它的海水密度非比寻常,人在死海里面不会下沉。不过,过高的盐度也让这里一片沉寂,没有什么生物。

人浮在死海水面不会下沉

为什么海风有腥味?

海洋中的许多细菌会在浮游生物和海藻死亡的地方吞噬腐败物,同时释放一种叫二甲基硫醚的气体,这种气体有刺鼻的味道,就是它让海洋空气带着一股咸腥味。

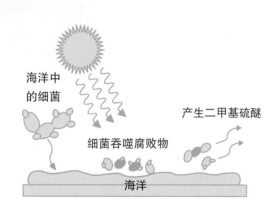

海洋中的细菌

产生二甲基硫醚

细菌吞噬腐败物

海洋

海洋生命的演化

　　从地球形成之初的荒芜，到生命的悄然萌芽，再到无数生命的坎坷求生以及空前繁盛……这部从海洋开始的生命史诗一直谱写着动人的生命乐曲，铭刻着难忘的生命故事……

泥盆纪（约4.20亿年前至约3.59亿年前）

　　各种鱼类呈爆炸式发展。
　　邓氏鱼拥有坚硬的外骨骼，是泥盆纪的超级掠食者。

志留纪（约4.44亿年前至约4.20亿年前）

　　有颌类脊椎动物开始出现。

石炭纪（约3.59亿年前至约2.99亿年前）

　　最早的爬行动物开始出现，剪齿鲨等原始鲨鱼数量迅速增加。

二叠纪（约2.99亿年前至约2.52亿年前）

　　陆地和海洋都出现了生物大灭绝现象。旋齿鲨在这次大灭绝中销声匿迹。

第四纪（约258万年前至今）

　　生物界已经进化到现代生物的面貌。
　　如今海洋中已知的生物有20多万种。

新近纪（约2300万年前至约258万年前）

　　生物界的面貌与现代更接近了。
　　以巨齿鲨为代表的鲨鱼统治着海洋。

前寒武纪（约5.41亿年前）

在漫长的前寒武纪时期，海洋里开始出现蓝藻、细菌等简单的生命体。

藻青菌

藻青菌是较早进化形成的生命形式之一，生活在距今约35亿年前。

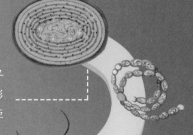

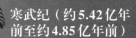

寒武纪（约5.42亿年前至约4.85亿年前）

有壳动物和无颌鱼进化形成。生命力顽强的三叶虫是寒武纪时期的代表性无脊椎动物。

奥陶纪（约4.85亿年前至约4.44亿年前）

海洋里出现了各种无颌鱼，鹦鹉螺、笔石等小型海生无脊椎动物异常繁荣。
鹦鹉螺是奥陶纪时期的顶级掠食者。

侏罗纪（约2.01亿年前至约1.45亿年前）

陆地由恐龙统治，海洋由很多爬行动物掌控。
大眼鱼龙凭借出色的视力在黑暗的深海中捕猎。

三叠纪（约2.52亿年前至约2.01亿年前）

恐龙开始出现，一些爬行动物重回水中生活。
当时的幻龙捕食技巧非常高超。

白垩纪（约1.45亿年前至约6600万年前）

强大的爬行动物在海洋中称王称霸，不过白垩刺甲鲨等鱼类也在迅速发展。

古近纪（约6600万年前至约2300万年前）

一部分陆生哺乳动物进入了海洋，逐渐演化成鲸鱼等海洋哺乳动物。

地壳运动

　　地球的地壳由岩石构成，分为很多板块。它们从地球形成的时候开始，就以不同的方式做着相对运动。这种相当缓慢的运动让岩石圈发生了变化，进而不断改变着各个大陆的位置，并逐渐形成了山脉、洋盆等地质构造。

板块

　　根据板块构造学说，地球岩石圈主要由太平洋板块、印度洋板块、亚欧板块、非洲板块、美洲板块和南极洲板块组成。这些板块上分布着大陆和海洋，大陆是海洋之间的分界。这些大板块还可被划分成若干次一级的小板块。这些板块被地壳中炽热的地幔流推动，处于不断运动之中。

岛弧

　　两个板块相撞，下沉的地壳俯冲插入的过程中，会形成海底火山。海底火山再穿过上面的板块边缘喷发，往往会形成岛弧。

洋中脊

　　洋中脊是两个离散型板块分离的地方，因为地幔岩浆上涌的关系，这里会形成海底山脉。

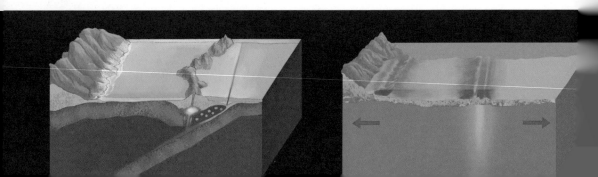

🌀 地质构造运动

　　拥有坚硬地壳的板块之间会发生滑移或碰撞。两者之间有的会慢慢分离，有的其中一个会俯冲到另一个的下方，形成各具特色的地质构造。

"热点"火山

　　地幔温度较高的地方，容易形成"热点"火山。

裂谷

　　地球内部的岩浆不断上涌，慢慢使陆地产生裂口，进而形成深谷。

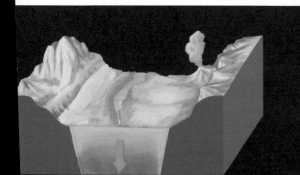

海沟

　　海沟是在一个板块俯冲到另一个板块的过程中形成的。

海沟

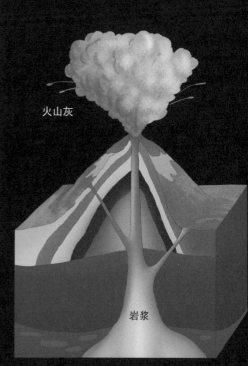

火山灰

岩浆

火山喷发

洋盆

　　某一块离散型大陆裂开，形成的地势低洼的裂谷，就叫洋盆。谷底的陆地沉到海平面以下后，海水会涌进来。这时，那些受冷凝固的枕状熔岩会变成"滚动推手"，将最初分开的陆地越推越远。随着更多的熔岩从底部喷出，海洋的面积也变得越来越大。

洋盆

枕状熔岩

　　枕状熔岩因其外形浑圆似枕头而得名。它们遇水会冷却、凝结，叠加在一起，形成一层外壳。

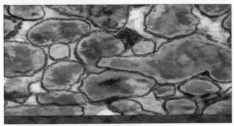

枕状熔岩

海陆变迁的证据

　　科学工作者在喜马拉雅山考察时，从岩石中发现了海螺、鱼龙等海洋生物的化石。这说明，喜马拉雅山地区很可能曾经是一片汪洋。

海洋生物化石

山脉

相邻的两个大陆板块相互碰撞，使得地壳形成了明显的褶皱，地壳厚度也在慢慢变厚，高大的山脉就这样形成了。

喜马拉雅山系形成示意图

大陆漂移学说认为，地球上的大陆在最初是一整块超级大陆。随着时间的推移，原本连接在一起的陆地渐渐分离成不同的板块。约到第四纪，各个陆地板块才到达现在的位置。

阿尔弗雷德·魏格纳

1912年，德国地球物理学家阿尔弗雷德·魏格纳提出了"大陆漂移说"。一天，躺在床上的魏格纳无意中注意到了墙上挂的世界地图，他发现大西洋的两岸——欧洲和非洲的西岸与南北美洲的东岸，轮廓竟然非常契合。如果让这两块大陆靠拢的话，它们是可以镶嵌在一起的。后来，魏格纳就有了一个大胆的猜想：大陆以前是一个整体，后来因为种种原因破裂、漂移才分开了。

苏铁

苏铁是一种古老的植物，最初分布在泛大陆上。随着各个大陆的分离，它们被带到了世界各地。

苏铁

阿尔弗雷德·魏格纳

海洋世界

广袤的海洋占据了地球表面积的70%以上，对地球生态系统的运行和人类的生存、发展有重要影响。几十亿年来，海洋一直是万千生命栖息的家园。从古至今，海洋对人类的馈赠从未停止，人类对海洋的探索也从未停歇……

🐚 海岛

烟波浩渺的海面上分布着一些岛屿，它们犹如珍珠一般点缀着蓝色的海洋。

🐚 丰富的海洋动物

人类已在海洋中发现了近20万种动物。上至海面，下至海底，从岸边或潮间带到最深的海沟底，均有海洋动物分布。它们种类繁多，从微小的单细胞原生动物，到重达上百吨的鲸鱼，都在海洋中留下了生命的足迹。

🐚 海底遗迹

多年来，人们在神秘的海洋里发现了很多古建筑、沉船遗迹。

海岸

海岸上有迷人的沙滩、繁华的港口、绿色的植被……这些对海洋来说都是不可或缺的一部分。

多姿多彩的海洋植物

人类已知的海洋植物有十几万种，遍布海洋的各个角落。它们维系着很多海洋动物的生命，是海洋生物链的重要组成部分。一些海洋植物还是人类的食物以及工业原料的重要来源。

第二章

海与洋

海和洋

"海"和"洋"常常同时出现，作为一个词语被人们使用。但是，你知道吗？"海"和"洋"其实并不是一回事。那么，它们之间有什么联系，又有什么区别呢？

洋——海洋的中心

　　洋是海洋的中心部分，约占海洋总面积的90%。人们将地球上的大洋划分为太平洋、大西洋、印度洋、北冰洋四大洋。大洋的水深一般都在3000米以上，最深的地方可以达到10000多米。大洋与陆地的距离比较遥远，受陆地的影响较小，它们的透明度很高，水中的杂质也比较少。

大西洋

　　大西洋呈"S"形，南北距离非常遥远，因此其中的地域气候十分多样。

海——海洋的边缘

　　海是海洋的边缘，是大洋的附属部分，约占海洋总面积的11%。海的深度比较浅，从几米到两三千米不等。海紧靠着陆地，温度、盐度、颜色和透明度都深受陆地影响。夏天，海水变暖；冬天，海水水温降低，有的地方还会结冰。在江河入海的地方，海水的盐度会降低，江水携带的泥沙还会让近岸海水变得混浊不清。

太平洋

　　太平洋是世界上最大的大洋，也是平均深度最深的大洋。它囊括了世界上最多的边缘海和岛屿。

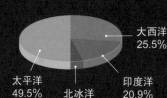

大西洋 25.5%
太平洋 49.5%
北冰洋 4.1%
印度洋 20.9%

四大洋面积比例图

北冰洋

北冰洋位于地球的最北端，这里气候寒冷，有些地方终年被冰雪覆盖。

按照所处地理位置的不同，海可以分为边缘海、内陆海和陆间海。

地中海

陆间海也可以被称为地中海，是位于大陆之间的海，面积和深度都比较大。地中海、加勒比海都是典型的陆间海。

黄海

边缘海又叫陆缘海，它一侧以大陆为界，另一侧以半岛、岛屿或岛弧与大洋分隔。黄海、南海、日本海等就是边缘海。

黑海

内陆海深入大陆内部，四周被大陆、半岛、群岛包围，通过狭窄的海峡与大洋或其他海域相通。红海、波罗的海、黑海等都是内陆海。

印度洋

虽然印度洋的面积仅排在四大洋中的第三位，但它的平均深度却只稍逊于太平洋。

渤海

渤海地处北温带，是中国唯一的内海。冬季，受气温变化的影响，渤海大部分沿岸地区会冰冻。

冰冻的渤海

长江口

奔流不息的长江水在涌入东海的过程中，会携带大量泥沙，正是它们让整个长江入海口看起来就像被染色剂染过一样。

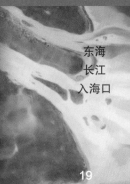

东海
长江
入海口

太平洋

太平洋南抵南极大陆，北达白令海峡，西靠亚洲、大洋洲，东到南美洲、北美洲，总面积达17967.9万平方千米（一作17868万平方千米，）约占地球总面积的35%，比所有陆地加起来还要广阔，是当之无愧的世界第一大洋。

麦哲伦和太平洋

太平洋的拉丁文为"Mare Pacificum"，意思是"平静的海洋"，出自航海家麦哲伦之口。16世纪，麦哲伦率领船队在寻找东方的新航线的途中，历经千辛万苦来到了这片风平浪静、宁静祥和的大海，麦哲伦心中百感交集，于是他在新绘制的海图上为它标注了名字——太平洋。

最深远的大洋

太平洋不仅面积最大，深度也没有哪个大洋能比得上。太平洋及所属海域的平均深度为3970米。著名的马里亚纳海沟就位于太平洋底部，其深度达11000米以上，是地球表面的最深点。除此之外，太平洋还有20多条深度在6000米以上的海沟。

"蛟龙"号

2012年6月，由中国人自主设计、研制的深海载人潜水器——"蛟龙"号，在马里亚纳海沟创造了7062米的下潜纪录。

🌊 最温暖的大洋

全世界海洋的海面平均温度在17℃左右，太平洋的海面平均温度，达19℃，它是世界最温暖的大洋。

夏威夷群岛

夏威夷群岛是太平洋中颇具代表性的群岛之一，这里气候宜人，终年都是热带气候。良好的自然条件，使它成为世界著名的旅游胜地。

太平洋自然资源示意图

🌊 丰富的资源

太平洋空间广阔，蕴含的资源非常丰富，生存在这里的动植物种类粗略估计已经超过10万种。太平洋的渔业捕获量占世界总捕获量的一半以上，堪称世界第一。除此之外，太平洋的矿产、油气资源以及分布在深海盆地的锰结核矿层等资源都十分丰富。

渔场　　天然气

矿产　　石油

舟山渔场

作为中国最大的近海渔场，舟山渔场拥有非常丰富的水产资源，自古以来就是渔民捕捞作业的"福地"。

🐉 交通运输

　　太平洋面积广阔，连通亚洲、大洋洲与美洲，拥有许多条重要的海上航线。其中，马六甲海峡是从太平洋通往印度洋的捷径和重要水道，也是国际主要航线的交通要道之一，由于海运繁忙以及地理位置特殊，它被誉为"海上十字路口"。在太平洋上，像马六甲海峡这样的交通要道还有很多。

太平洋周围有哪些国家？

　　东岸：加拿大、美国、墨西哥、巴拿马、哥斯达黎加、萨尔瓦多、尼加拉瓜、危地马拉、哥伦比亚、秘鲁、智利等。

　　西岸：俄罗斯、朝鲜、日本、韩国、中国、菲律宾、泰国、越南、马来西亚、印度尼西亚、新加坡、文莱等。

　　其他：巴布亚新几内亚、澳大利亚、新西兰、瑙鲁、基里巴斯、图瓦卢、斐济等。

复活节岛石像

　　位于太平洋东南部的复活节岛上的巨石雕像，距今已经有1000多年的历史，至今无人确定它的用途是什么。

太平洋上的"神秘之地"

在广袤的太平洋上，分布着1万多个岛屿，它们中隐藏着许多不为人知的"秘密"。例如，复活节岛及其石像、被誉为"太平洋威尼斯"的南马特尔遗迹，等等。这些神秘之地纷纷成为世人前去探索与冒险的目的地。

一座座由玄武岩石柱垒砌堆积而成的巨大建筑矗立于太平洋南部海面的岛屿上。据考证，南马特尔遗迹是在约公元1200年建造的，整个建筑大概用了100万根玄武岩石柱。在那个时代，如何完成这样的工程人们至今不知道答案。

南马特尔遗迹

太平洋不太平

太平洋其实并不太平。这是因为在太平洋周围有一圈地震带，那里广泛分布着海沟、火山，它的形状像一个巨大的环，所以又被称为环太平洋地震带。全球地震的80%都发生在这里，这里的活火山有将近400座，这片看似平静的海洋上，地震、火山等灾害时有发生。

南海

　　汹涌澎湃的南海是中国最大、最深的近海，也是仅次于珊瑚海和阿拉伯海的世界第三大陆缘海。它向东可以抵达菲律宾，通过海峡连接太平洋，向西则与印度洋相通，是两大海洋之间联系的关键纽带。南海无论是在地理位置、经济，还是文化上都具有重要意义。

基本概况

名　　称	南海
中国领海面积	约210万平方千米
平均深度	1212米
最大深度	5559米

🐚 珊瑚岛

　　南海优越的地理环境和良好的自然条件，非常适合珊瑚虫繁殖。经过日积月累，这里出现了很多美丽的珊瑚岛。它们风情各异，美不胜收，犹如点点珍珠散布海上，其中，尤以西沙群岛最为灿烂夺目。

🐚 "南海一号"沉船

　　自古以来，南海一直是海上丝绸之路的重要航段。几个世纪以来，人们在南海海底发现了越来越多的"证据"，其中就包括震惊中外的"南海一号"沉船。这是一艘建造于南宋初期的木质古船，距今已经有800多年历史。它在经丝绸之路运送瓷器的途中不幸失事，连同6万～8万件精美瓷器一起沉入海底。

🐚 水下谋生

　　南海渔民"靠海吃海"，千百年来，他们祖祖辈辈在大海中谋生，练就了独特的生存技艺。对于渔民来说，南海就是他们辛勤劳作的田地。在这里，他们捕捞鱼虾，捡拾海贝，已然成了职业高手。

🐚 西沙群岛

西沙群岛是中国南海诸岛的四大群岛之一，物产丰富，风景秀美。这里海域十分宽阔，众多岛礁星罗棋布，盛产珊瑚礁，鱼类达430多种。此外，绵软纯净的沙滩，几乎透明的海水，都是人们将它铭记于心的理由。

🐚 鸟儿天堂

南海诸岛为各种各样的鸟儿们提供了理想的栖息地和繁殖地，是西太平洋颇为重要的鸟类聚集区之一，包括红脚鲣鸟、军舰鸟、海鸥、绣眼鸟在内的60多种鸟儿都住在这里。

🐚 鲸鲨

中国南海海域是鲸鲨的常住地，这些海洋"巨无霸"时常在此巡游。尽管它们看起来凶神恶煞，性情却非常温和，很少会主动攻击人类。

牙齿

尽管鲸鲨的牙齿多达3000颗，可是由于过于细小，根本无法咬食和咀嚼食物，所以，它们只能靠吞食海水，过滤大量的浮游生物和小型鱼类果腹。

白令海

白令海处于阿拉斯加、西伯利亚以及阿留申群岛的环抱之中，是世界第三大边缘海。其北部的白令海峡连接着楚科奇海，最狭窄处被公认为是太平洋和北冰洋的分界线。尽管受多种因素的影响，这里的气候条件十分恶劣，但它却蕴含着丰富的海产资源。

🐋 "白令海" 名称的由来

白令海是以丹麦籍著名探险家维图斯·白令的名字命名的。1728年，白令受令于彼得大帝，与探险队员们踏上航行之旅。他们成功驾船穿过了白令海，通过白令海峡进入了楚科奇海的南端。不幸的是，1741年，他们在第二次探险返航时乘坐的探险船触礁沉没，白令在一个荒岛病逝。为了纪念白令，人们就将此海命名为"白令海"。

基本概况

名　　称	白令海
面　　积	约230.4万平方千米
平均深度	1640米
最大深度	5500米

🐋 生物

白令海所处的纬度较高，气温偏低，有时甚至会跌至-45℃。即便是这样，在这片白色的世界里，仍然生活着一群御寒能力出众的动物。

白鲸

白鲸是白令海里的常见"居民"，它喜欢在海面或贴近海面的地方玩耍、捕食。

座头鲸

座头鲸就像游客一样，会定期到白令海居住。夏季它们来到白令海这样的极地海域度过美好时光；到了冬季它们又会迁徙到温暖的地方产息。

北海狮

　　北海狮是白令海中比较有代表性的一类动物。这些家伙性情温和，喜欢集群生活。在白令海的沿岸海域时常能见到它们的身影。

🐚 **渔场**

　　丰富的巨蟹、虾类以及300多种鱼类让白令海成了经济价值非常高的渔场。直到现在，那里还有一些渔民保持着传统的作业方式，时常驾驶小渔船出海捕鱼。

珊瑚海

在广阔的南太平洋海域，有一个五彩缤纷的海，叫珊瑚海。它位于所罗门群岛、瓦努阿图岛、新喀里多尼亚岛以及诺福克岛形成的岛弧之间，面积接近500万平方千米，是世界上面积最大、水体最深的海。

基本概况

名　　称	珊瑚海
面　　积	约479.1万平方千米
平均深度	2394米
最大深度	9174米

名字的由来

珊瑚海地处热带，无论是水温、水质还是气候条件都非常适合珊瑚虫等海洋生物生存。大量珊瑚虫聚集在一起，形成了形态万千、色彩斑斓的珊瑚岛礁。大堡礁、塔古拉堡礁以及新喀里多尼亚堡礁等都是珊瑚海的重要组成部分。这些美丽的珊瑚岛礁点缀着碧蓝的海洋，宛若仙女随手撒下的花瓣，星星点点，自成一幅美丽的画卷，这也是珊瑚海名称的由来。

海中"热带雨林"

珊瑚海中的珊瑚礁数量非常多，形成了一片巨大的海洋"热带雨林"。这为万千海洋生物提供了理想的栖息地。有关统计表明，生活在珊瑚海中的生物多达百万，约有四分之一的海洋生物选择来这里安家。

珊瑚礁

岛屿

鱼类

鲨鱼和鳐鱼

珊瑚鱼和棘皮动物

🐾 世界尽头的天堂之岛

新喀里多尼亚岛犹如一颗璀璨的明珠，镶嵌在珊瑚海的南部。这座法属岛屿兼具怡人的田园风光和海洋宫殿般的美景，因而成为著名的旅游胜地。

新喀里多尼亚自然保护区

鲨鱼海

在珊瑚海中，经常能看到鲨鱼成群结队，游来游去，寻找猎物。因此珊瑚海也被称为"鲨鱼海"。

南洋杉

新喀里多尼亚南洋杉呈柱状的树干笔直，看起来非常挺拔，它们与诺福克岛上的异叶南洋杉是近亲。

大西洋

大西洋位于欧洲、非洲、北美洲、南美洲和南极洲之间，是世界第二大洋，面积约为9336.3万平方千米。因为它的洋底基本都是在大约1.5亿年前形成的，所以人们习惯称呼它为"最年轻的大洋"。目前为止，大西洋仍在以缓慢的速度成长和扩张。

重要的位置

大西洋的北部与北冰洋相连，西南部与太平洋相接，东南与印度洋水域相通，东部经直布罗陀海峡与地中海相通，西部经巴拿马运河与太平洋相通。如此便利的水运条件使其航运业极为发达。在全世界的2000多个港口中，大西洋沿岸的港口就占60%。而且，大西洋的货物吞吐量也占世界海洋总吞吐量的60%。

开普敦

大西洋沿岸港口城市开普敦以其美丽的自然风光和繁忙的码头闻名于世。这里是欧洲沿非洲西海岸通往印度洋、太平洋的必经之路，占据着十分重要的地理位置。目前，开普敦港主要出口农产品以及工业原材料，进口一些科技含量较高的工业制成品，年货物吞吐量在7000万吨左右。

冰岛

大西洋北部的冰岛是个名副其实的"冰火之国"。它靠近北极圈，约有12.5%的土地被白茫茫的冰川覆盖。但这里却遍布火山岩，是世界上拥有温泉最多的国家。

冰岛瓦特纳冰川的蓝冰洞

大西洋鲑

大西洋是个巨大的宝库，含有丰富的矿产资源和生物资源。世界著名的北海渔场和纽芬兰渔场都位于大西洋。据统计，大西洋单位面积渔获量居于世界首位，可达每平方千米250千克。

纽芬兰渔场的没落

拉布拉多寒流和墨西哥暖流的交汇，使纽芬兰渔场成为世界级的超级渔场，一时风光无限。可是，随着近百年来人们的过度捕捞，纽芬兰渔场再也没有了往日的繁荣，而是陷入了一片萧条。

大西洋银鲛

大西洋银鲛的眼睛很大且呈绿色，背鳍上长着秘密武器——毒刺。

大西洋海雀

外表酷似鹦鹉的大西洋海雀是大西洋海域比较有代表性的一种动物。它们善于游泳和潜水，平时靠捕食鱼类、甲壳动物等为生。繁殖期，它们当中的大多数会到冰岛沿岸地区暂居。

31

百慕大三角之谜

许多年来，由百慕大群岛、波多黎各和佛罗里达州南端迈阿密所围成的一片三角海域一直是人们努力探索的神秘之境。有关资料表明，一些行至这片海域的飞机、船只有时会无故消失。有人说这里隐藏着时光隧道，还有人说此处有一个巨大的磁场……至于事情的真相到底是怎样的，还有待人们进一步探秘。

百慕大三角

蓝洞

在大西洋加勒比海西海岸伯利兹附近有一个直径约305米的石灰岩洞——大蓝洞。它深约124米，洞口是近乎完美的圆形，周围有珊瑚礁环绕，再配以或深或浅的蓝色海水，就像天然的花环。

蓝洞俯视风景

想象中的亚特兰蒂斯

亚特兰蒂斯

传说，在大西洋中曾存在一个古老神秘的大陆——亚特兰蒂斯。这个王国富饶强盛，科技与文明高度发达。当时的人们甚至制造出了载人飞行器以及能让人断肢重生的医疗器械。从20世纪50年代开始，人们就陆续在大西洋中发现了疑似亚特兰蒂斯的遗迹。至于这些遗迹是否真的是失落的亚特兰蒂斯，还需要进一步研究。

大西洋海滨公路

在挪威中西部的海岸线上，有一条总长8.3千米的公路——大西洋海滨公路。它设计独特，巧妙地依礁石和海岸线而建，成功地将克里斯蒂安松、莫尔德以及一些岛屿连接起来，被誉为"世界上最好的观光道路"之一。

大西洋海滨公路风光

沉睡的泰坦尼克号

1912年4月10日，拥有"永不沉没"美誉的庞大又豪华的泰坦尼克号从英国南安普敦出发，前往美国纽约。不幸的是，短短几天后，它就因为与冰川相撞沉入了大西洋海底，并永远地沉睡在了那里。更不幸的是，这次沉船事故让1500多人丧生，成了伤亡惨重的海难之一。

泰坦尼克号残骸

加勒比海

　　加勒比海位于大西洋西部和美洲大陆之间，海域面积相当大。加勒比海大部分时间都风景秀丽，景色宜人，但在夏秋两季的时候，这里经常遭受威力强大的飓风侵袭，对沿途的岛屿造成了巨大的威胁。

基本概况	
名　　称	加勒比海
面　　积	约275.4万平方千米
平均深度	2491米
最大深度	7686米

加勒比海红鹳

加勒比海红鹳

　　阿鲁巴岛上生活着很多加勒比海红鹳，也就是火烈鸟。它们时而在沙滩上漫步，时而在海水中低头浅啄，漂亮极了！

🐚 阿鲁巴岛

在加勒比海地区有一座如珍珠般璀璨的小岛——阿鲁巴岛。这个美丽的石灰岩小岛地势平坦，长满了芦荟和仙人掌。最特别的是，它周围有长达10千米的白色沙滩，与蓝绿色的海水形成了一幅天然的画卷。

巴拿马运河

巴拿马运河全长81.3千米，从巴拿马地峡横穿而过，将太平洋、加勒比海、大西洋连接在了一起，是世界重要的航运要道。

岛礁众多

加勒比海上岛礁众多，许多岛屿的边缘都是珊瑚礁体，是珊瑚礁集中地之一。其中伯利兹堡礁长约300千米，由不计其数的珊瑚虫石灰质骨骼积累几百年后形成，是仅次于大堡礁的世界第二大活珊瑚礁。

海龟沙滩

在加勒比海许多岛屿的僻静沙滩上，经常会出现这样的场景：一只只笨拙的大海龟活动着四肢，缓慢而坚定地爬上沙滩产卵。这些海龟把所产下的卵埋到沙下，依靠温暖的沙子来孵卵。当卵被孵化后，新生的小海龟会自己慢慢爬回到大海里去。

海龟爬上沙滩产卵

波罗的海

波罗的海介于俄罗斯、瑞典、德国等9个国家之间，几乎被陆地包围起来。西面的几个海峡，是它连接北海和大西洋的通道。波罗的海平均含盐量只有大西洋的三分之一，是地球上含盐度最低的海。

🐚 盐度低的奥秘

波罗的海海域闭塞，和外海相连的通道十分狭窄，这就导致外面盐度高的海水很难进入波罗的海海域。不仅如此，波罗的海纬度较高，气温低，降水多，蒸发量远远小于降水量，再加上周围有250多条淡水河流注入，这一系列条件共同导致波罗的海成为世界含盐度最低的海。

正在波罗的海旅游巡航的桑普号破冰船

维斯瓦河

维斯瓦河的流域面积约19.4万（另说19.2万）平方千米，它是波兰最长的河流。维斯瓦河在格但斯克注入波罗的海。

琥珀

波罗的海沿岸是全球主要的琥珀产地，产量约占世界琥珀总产量的90%。当地的琥珀质量上乘，有着"波罗的海黄金"的美称。

晶莹剔透的海琥珀

美丽的工艺品

重要航线

波罗的海自古以来就是北欧重要的商业航线，同时也是俄罗斯与欧洲诸国进行贸易的重要通道，以及沿岸各国通向北海和大西洋的必经海路。不过由于波罗的海含盐度低，纬度高，在冬季很容易结冰，所以船只在航行时只能一边开凿冰面，一边缓慢前行，这为航运带来极大的不便。

环境污染问题

沿岸工业与海上运输业的发展，在促进波罗的海地区经济发展的同时，也让它陷入了严重的环境污染。波罗的海沿岸国家的各种生活垃圾与工业废气、废水的排放，使海水温度迅速上升，许多野生动物无法适应急剧变化的气候，数量开始锐减。更糟糕的是，每年都有许多船只在经过波罗的海时，向海水泄漏或排放废油，严重污染了海水。据统计，每年在波罗的海因油污染而丧生的鸟类超过了15万只。

地中海

　　地中海是世界上最大的陆间海，同时也是世界上最古老的海，形成时代可以追溯到几亿年前，这意味着它的"资历"甚至超过大西洋。地中海拥有很多引以为傲的灿烂文化，是古代文明的发祥地之一。此外，宜人的气候，丰富的资源，数不胜数的美景，都是地中海的代名词。

基本概况

名　　称	地中海
面　　积	约251万平方千米
平均深度	1500米
最大深度	5121米

威尼斯独具特色的尖舟——贡多拉

水城威尼斯

　　提到地中海，就不得不提威尼斯。这座处于咸水潟湖内的城市，由118个小岛组成，中间纵横交叉着117条水道。在威尼斯，无论走到哪里，都能感受到水的风情，聆听到水的故事。

西方文明的发祥地

地中海曾是世界文明的中心之一，见证了诸多文明的兴起、辉煌和衰落。美索不达米亚文明、古埃及文明、古巴比伦文明、古希腊文明等都有浓重的地中海色彩。腓尼基人、克里特人、希腊人、罗马人都曾是地中海文明舞台上惊艳的主角。

爱琴海

爱琴海位于希腊和土耳其之间，是地中海东部的一个大海湾。它的海岸线非常曲折，其中分布着2500多个岛屿。这些小岛各具风情，不仅有诸多风格的特色建筑，还有迷人的沙滩、明媚的阳光和秀丽的风景，看上去就像人间天堂。

西西里岛

西西里岛是地中海最大的岛屿，也是地中海商业贸易路线的枢纽。这里气候温暖，盛产柠檬和油橄榄。因为农业发展的突出成就，所以它一直享有"金盆地"的美誉。

橄榄树种植园

埃特纳火山

埃特纳火山矗立在西西里岛的东北部，海拔3335米，是欧洲海拔最高的活火山。这座火山比较活跃，时不时地就会给人类制造麻烦。但与此同时，它也会带来肥沃的土壤。

喷发中的埃特纳火山

39

黑海

和一般海海水颜色湛蓝不同，黑海海水呈现的是混浊的黑色。它是世界上颜色最深的海洋，还是世界上唯一分上下两层的海洋，非常神奇。

黑海之"黑"

黑海的名字最早来源于古希腊的航海家们。他们在海上航行的时候，认为黑海的颜色要比地中海深得多，所以就把它称为"黑海"。实际上，黑海的黑色更多还是来自海水下层。几百年间，大量的城市废水排入黑海，废水沉淀到下层，使海水缺氧后滋生厌氧菌，进而产生大量的硫化氢，越积越多的硫化氢使海底的淤泥变成黑色，令海水看起来发黑。

基本概况	
名　　称	黑海
面　　积	约42.2万平方千米
平均深度	1315米
最大深度	2210米

唯一的双层海

　　黑海的结构很特殊，共分上下两层，是世界上唯一的双层海。它的上层是由多瑙河、第聂伯河等河流经年注入的淡水，含盐度很低。许多海洋生物都在这里活动。而黑海的下层则是另一番天地：它由几千年前地中海注入的高盐度海水和几百年里累积的城市废水组成，在这里几乎没有生命，一片死寂。两层海水在水下100～200米处泾渭分明，几乎互不干扰。

伊斯坦布尔海峡

黑海明珠

　　罗马尼亚的康斯坦察位于黑海之滨，因为气候宜人，风景秀丽而闻名全球，是世界著名的旅游胜地之一。康斯坦察的历史非常悠久，可以追溯到2000多年前的古希腊。在当时，它就已经是一座繁华的商业城市了。如今的康斯坦察既是一座港口城市，也是罗马尼亚经济十分发达的地区之一，有着"黑海明珠"的美名。

黑海中的鲟鱼

伊斯坦布尔海峡

　　伊斯坦布尔海峡是黑海和马尔马拉海之间的一条狭窄的水道，最窄处仅700米左右。

交通要道

　　黑海的地理位置十分重要，与地中海相连，是东欧各国进行贸易往来的海运要道，同时也是欧洲许多著名河流的出海口，港口众多，每年创造的利润极为惊人。

墨西哥湾

北美大陆东南部边缘有个略呈椭圆形的海湾，它是仅次于孟加拉湾的世界第二大海湾——墨西哥湾。墨西哥湾的海岸线非常曲折，岸边分布着很多沼泽、浅滩和红树林；大陆架浅海区域蕴含着大量石油和天然气资源；北岸有密西西比河流入，形成了一个巨大的河口三角洲。

奇特的海面

密西西比河的河水密度比墨西哥湾的海水密度要小得多。当它们相遇时，因为密度相差过大，两者的接触面就会形成一个过渡带。通常，这个过渡带被称为"海洋锋"。

非常明显的海洋锋

基本概况

名　　称	墨西哥湾
面　　积	约154.3万平方千米
平均深度	1512米
最大深度	5203米

玛雅文化

墨西哥湾南部的尤卡坦半岛是古玛雅文化的摇篮之一。至今，岛上的奇琴伊察等地依然耸立着数百座玛雅文化的标志性建筑。这些建筑隐藏在郁郁葱葱的密林中，处处彰显着神秘、奇幻的色彩。

佛罗里达半岛

受海洋因素的影响，佛罗里达半岛的气候温暖湿润，四季风景如画。这里不仅有绵延不断的沙滩和各具特色的海滨美景，还有闻名世界的迪士尼乐园和大沼泽地国家公园。

佛罗里达礁岛群

在连接墨西哥湾与大西洋的咽喉要道上，分布着1700多个小岛组成的礁岛群——佛罗里达礁岛群。它成功地将墨西哥湾与大西洋分为两处，并巧妙地"规划"出了佛罗里达湾。

梦海鼠

梦海鼠

在墨西哥湾漆黑的海底，生活着一种外表粉嫩的可爱动物——梦海鼠。这些看起来像"无头鸡"的小家伙其实是一种海参。

小飞象章鱼

小飞象章鱼长着类似大象耳朵的鳍，因而得名。这两个会"跳舞"的鳍既可以帮助它们保持身体平衡，又可以让它们借力前行。此外，小飞象章鱼还有一种秘密武器——发光器。平时，它们就是用这种工具引诱猎物上钩的。

小飞象章鱼

深洞潜水

洞穴潜水天堂

尤卡坦半岛拥有令全世界潜水爱好者心驰神往的地下暗河。这里的上千个水下洞穴形态各异，如同迷宫一样神秘。或明或暗的光线、复杂多变的水下环境以及大小不一却充满趣味的洞穴，已然成了洞潜达人们的最爱。

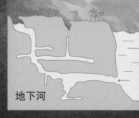

地下河

马尾藻海

在北大西洋中部，有一片特殊的海域，那里生长着繁盛的马尾藻，所以它被称为马尾藻海。马尾藻海水质清澈，是世界上最清澈的海。同时这里也是许多船员眼中的"魔鬼海"，历史上有数不清的船只在这里失事。

基本概况

名　称	马尾藻海
位　置	北纬20°～35°，西经40°～75°
面　积	500万～600万平方千米
透明度	66.5米

🐚 洋中之海

世界上大部分的海都与大陆或其他陆地相连，但马尾藻海却非常特别，它是世界上唯一一个没有海岸的"海"，它的西边与北美大陆隔着宽阔的海域，另外三面都是广阔的大洋，所以马尾藻海是一片"洋中之海"。另外，马尾藻海虽然名字里带着一个"海"字，但它并不是真正意义上的海，只是大西洋中一处特殊的水域。

🐚 清澈的海水

马尾藻海是世界上透明度最高的海域，这里远离陆地，几乎没有外来河流注入，浮游生物很少，再加上马尾藻海面积比较大，有一定的自净能力。所以，马尾藻海的海水十分清澈，透明度达66.5米，个别海区可以达到72米。

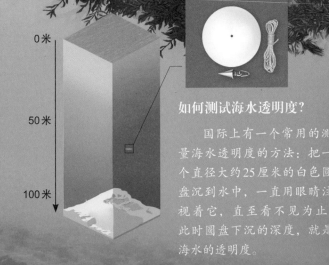

如何测试海水透明度？

国际上有一个常用的测量海水透明度的方法：把一个直径大约25厘米的白色圆盘沉到水中，一直用眼睛注视着它，直至看不见为止，此时圆盘下沉的深度，就是海水的透明度。

🐚 马尾藻海中的居民

马尾藻海中的浮游生物很少，以浮游生物为食物的动物自然无法在这里生存。不过，马尾藻海中布满了无根水草——马尾藻，它们和以海藻为食的水生生物形成了独特的马尾藻海生物群落。

马尾藻

马尾藻是马尾藻海中数量最多的"住户"。它们漂浮在海洋中，直接从海水中摄取养分，疯狂生长。马尾藻上长着许多充气的葡萄状小球，所以马尾藻可以漂浮在海面上。

马尾藻鱼

马尾藻鱼的身体凹凸不平，体色和马尾藻的颜色非常像，身上还长着马尾藻枝叶一样的附属物。当马尾藻鱼穿梭在马尾藻中时，很难被发现。

哥伦布被困

1492年，哥伦布带领船队穿越大西洋时，忽然发现了一大片"草原"，所有人都以为陆地近在咫尺，可是当船队行驶到近处才发现，那"草原"居然是一大片茂盛的马尾藻，船队被困在了原地。最后，哥伦布亲自上阵指挥开辟航道，船队经过三个星期的努力才得以逃脱。

🐚 危险的"魔鬼海"

过去，在航海家眼中，马尾藻海是船只的禁区。那里是一个巨大的陷阱，所有路过的船只都会被充满"魔力"的藻类抓获，困在原地动弹不得，最后船员们只能在绝望中死去。到了现代，经过科学家研究，马尾藻海船只被困的原因终于被找到了。原来，马尾藻海周围流经了好几个洋流，在这些洋流的相互作用下，马尾藻海变得异常平静。正是因为如此，依靠风力推动的古老船只才会被困在原地，动弹不得。

印度洋

　　印度洋处于亚洲、非洲、大洋洲和南极洲之间，面积约为7617.4万平方千米，约占世界海洋总面积的20%。与太平洋和大西洋不同，印度洋的北面完全被陆地包围了。从印度洋西南绕过好望角可以到达大西洋；从印度洋东部通过马六甲海峡等水道可以到达太平洋；从印度洋西北经过红海和苏伊士运河，可以通往地中海。

温暖的气候

　　印度洋的大部分海域位于热带和亚热带，因此它属于一个典型的热带大洋。温暖的气候不仅造就了适宜多种生物生存的海洋环境，还带来了丰富的海洋资源。

旅游胜地

　　印度洋上有很多迷人的度假胜地，它们就像明珠一样镶嵌在蓝色的海洋里。唯美的海岸线，郁郁葱葱的原始森林，触手可及的洁净沙滩……一切都让人如痴如醉。

巴厘岛海神庙

普吉岛攀牙湾

🐚 塞舌尔群岛

　　位于印度洋西南部、由众多岛屿组成的塞舌尔群岛，简直就是一个海景拼图，每一块都有独特的美。这里的500多种植物、如梦如幻的珊瑚礁以及彰显旺盛生命力的诸多海洋动物，无不让你感觉来到了一个海的世界。

昆虫乐园

　　印度洋的弗雷加特岛以不计其数的昆虫而闻名。这些昆虫或可爱或丑陋，有些还是世界罕见的珍稀品种。

龟岛

　　阿尔达布拉岛上生活着十几万只旱龟，是一个名副其实的乌龟王国。此外，绿海龟、椰子蟹也是这座小岛的"岛民"。

旱龟、绿海龟和椰子蟹

印度洋马夫鱼

印度洋马夫鱼

　　背鳍高高的印度洋马夫鱼时常在珊瑚礁周围"巡逻"，寻找可口的软珊瑚和海绵。

猴面包树

马达加斯加岛

    马达加斯加岛是印度洋第一大岛，面积约为58.7万平方千米，全岛由火山岩构成。这里以热带雨林气候和热带草原气候为主，岛上动植物资源十分丰富，多达20万种，其中90%属于特有种。

变色龙

长颈象鼻虫

🐚 石油

印度洋的油气资源十分丰富，年产量约为世界海洋油气总产量的40%。而其中波斯湾是世界海底石油最大产区，每年为许多国家提供大量石油。

油轮

🐚 孟买港

孟买港西濒阿拉伯海，是印度最大的港口，也是印度洋上有名的贸易港。它交通便利，工商业发达，在印度洋各国贸易中发挥着不可忽视的作用。

🐚 莫桑比克海峡

在非洲大陆东南岸与马达加斯加岛之间，有一条长度超过1600千米的莫桑比克海峡，它是世界最长的海峡。

红海

在非洲大陆和阿拉伯半岛之间，有一片狭长的印度洋的附属海，名叫红海。它的盐度在全球诸多海洋中居首位，是世界最咸的海。红海资源丰富，风光秀丽，拥有许多美丽的港口与景区。

苏伊士运河

苏伊士运河全长173千米，是世界较为繁忙的航线之一。它将红海和地中海联系起来，使大西洋到印度洋的航程比绕行非洲南端好望角缩短了5500～8000千米。

基本概况	
名　　称	红海
面　　积	约45万平方千米
平均深度	558米
最大深度	2922米

高盐度

红海位于热带及亚热带地区，气候炎热干燥，蒸发量远远大于降水量；再加上红海周围无河流汇入，水量入不敷出，必须由印度洋高盐度海水补给，导致红海盐度变大。此外，发育中的地壳也会使渗入其中的海水返回海底时携带大量盐分。

美丽的海

　　红海两岸是绵延不断的红黄色岩壁，海岸上分布着金黄色的沙滩，沿岸的城市也独具特色，充满异域风情。而海水中有着神秘的海洋溶洞、美丽的珊瑚以及形态各异的海洋生物。这些吸引着游客们来到红海观光旅游。

红牙鳞鲀

红海潜泳者

波斯湾

阿拉伯半岛和伊朗高原之间有一片石油之海——波斯湾，它向东南经霍尔木兹海峡与阿曼湾相连，出阿曼湾南口通过阿拉伯海进入印度洋。这里自古以来就是连接中东、亚洲其他地区的海上要道，后来更以丰富的石油蕴藏而著称于世，具有十分重要的经济和战略意义。

基本概况

名　　称	波斯湾
面　　积	约24.1万平方千米
平均深度	约40米
最大深度	110米

油气宝库

波斯湾及周围上百平方千米的地域具有优越的浅海环境、特殊的地质构造以及丰富的动植物资源，这些都为石油的形成和存储创造了得天独厚的条件。据统计，现在波斯湾地区蕴含着世界50%以上的石油资源，是个超级油库。

油井

棕榈岛

迪拜

　　迪拜是中东地区最富有的城市，也是最重要的贸易和金融中心。无比豪华的"七星级酒店"帆船酒店，人工奇迹棕榈岛，世界最高的迪拜塔，等等，处处彰显着它的奢华和魅力。

迪拜帆船酒店

珊瑚礁之家

　　波斯湾盛产各种鱼类，但它们当中的大多数都是珊瑚礁的"房客"。此外，在珊瑚礁中，我们还能时常见到一些软体动物的身影。

狮子鱼

法老乌贼

阿拉伯海

阿拉伯海是印度洋的重要组成部分，也是亚、欧、非三大洲之间的航运要道。它从很早的时候就被人们视为往来贸易的必经之地。时至今日，越来越多的船只和巨轮活跃在这片海域。与此同时，高度繁荣的海上贸易逐渐带动了沿岸国家和城市的发展，一些世界著名的滨海"明珠"出现了。

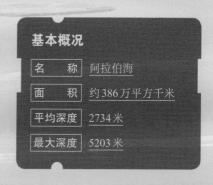

基本概况	
名　　称	阿拉伯海
面　　积	约386万平方千米
平均深度	2734米
最大深度	5203米

运输"咽喉"

在阿拉伯海阿曼湾北部和波斯湾有一处狭窄的海峡——霍尔木兹海峡。它是波斯湾向外界输送石油的唯一海上通道，也是世界上十分繁忙的航道之一。

格什姆岛

矗立在霍尔木兹海峡北侧的格什姆岛是伊朗的领地。因为气候干燥，土地贫瘠，岛上的动植物资源比较单一。

格什姆岛的地质景观——盐洞

马尔代夫共和国

马尔代夫共和国由26组自然环礁组成，包括珊瑚岛1192个，是世界上最大的珊瑚岛国。凭借丰富的海洋资源，它的旅游业已经超越渔业成为第一支柱产业。

亚丁湾

亚丁湾是一片富饶的宝地，拥有很多海域望尘莫及的生物资源。得益于自然的馈赠，这里的很多居民靠打鱼为生。不过，日渐猖獗的海盗打破了这片海域的宁静。

科钦港

科钦港是阿拉伯海沿岸有名的避风良港。作为印度古老的海港，它设有大型船坞、大宗煤炭以及石油装卸码头，年吞吐量在500万吨左右。

中国渔网

科钦海边有很多标志性的中国渔网。12世纪到13世纪，这种原始的利用杠杆原理捕鱼的方式由中国人带到这里。

中国渔网

55

孟加拉湾

在印度洋的东北方向，海水形成了一个巨大的、近似三角形的海湾——孟加拉湾。这个世界上最大的海湾西临印度半岛，北靠孟加拉国和缅甸，东接中南半岛。其中构成北部"尖角"部分的是孟加拉国与恒河三角洲。

基本概况

名　　称	孟加拉湾
面　　积	约217.2万平方千米
平均深度	2586米
最大深度	5258米

黄麻之国

恒河-布拉马普特拉河三角洲地形平坦开阔，土壤肥沃，加上气候温暖湿润，因此是种植黄麻等农作物的理想之地。凭借这个优势，孟加拉国大力发展黄麻种植业。现在，黄麻不仅成了这个国家的经济来源，更使孟加拉国成了仅次于中国的服装出口国。

当地人在收割黄麻

恒河-布拉马普特拉河三角洲

恒河-布拉马普特拉河三角洲地区水系丰富、河网密集，面积超过6.5万平方千米，是世界上面积最大的三角洲。其平均海拔仅为10米。这种地势虽然利于人口和城市集聚，能促进农业经济的发展，但是却无法抵挡严重的洪涝灾害。

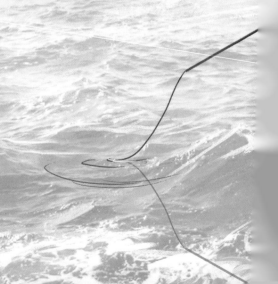

斯里兰卡

斯里兰卡是孟加拉湾中一座神秘宝岛。这里有珍贵的宝石、享誉世界的锡兰红茶，还有无比灿烂的海洋文明。

红茶和宝石

薄弱的抗灾能力

孟加拉湾地区属于热带季风气候。夏季，亚洲大陆上空会升起温暖的空气，温度相对较低的海洋湿润空气被其吸引，会慢慢向孟加拉湾地区移动。当这些空气飘到印度上空时，会形成巨大的云团，产生强降雨，进而引发大洪水。而恒河-布拉马普特拉河三角洲海拔接近海平面，根本无法抵挡飓风、海啸等自然灾害。一项统计表明，如果孟加拉湾的海平面上升1米，那么孟加拉国接近20%的土地都会被淹没。

孟加拉湾气象

斯里兰卡人喜欢用"高跷垂钓"的方式捕鱼

高跷垂钓

斯里兰卡拥有悠长的海岸线，渔业资源十分丰富。但有意思的是，这里的人们一直习惯采取"高跷垂钓"的方式捕鱼。

孙德尔本斯红树林

紧靠孟加拉湾的孙德尔本斯红树林是世界上较大的红树林之一。这里不仅成了很多海洋鱼类繁殖下一代的理想乐土，还成了各种野生动物栖息的家园。

北冰洋

北冰洋是四大洋中最小的海洋，面积约为1475万平方千米。它位于地球最北端的北极圈内，被北美大陆、亚欧大陆和格陵兰岛环绕，通过格陵兰海、挪威海和巴芬湾与大西洋相连，经白令海峡与太平洋"相见"。在这个冰雪王国里，我们不仅能看到一望无际的雪原、称霸一方的北极熊，还可以欣赏到天堂的焰火——极光。

冰海

北冰洋的气候十分恶劣，终年严寒，冰山林立。即使到了夏季，这里的平均气温也多在8℃以下。这时，一多半的海面仍旧是冷气逼人的白色冰原。到了冬季，北冰洋的最低气温可达-40℃～-20℃，80%的海面被冰封起来。与此同时，风暴也会咆哮着出现。

浮冰

极光

　　美丽的极光多出现在两极地区严寒的秋冬夜晚，没有固定的形态，也没有固定的颜色。

冰山

极夜和极昼

　　因为地球公转、自转的关系。冬季，北极会向远离太阳的方向倾斜。这时，北极地区就会有全天24小时都是黑夜的现象出现。到了夏季，北极地区阳光普照，人们又会在一段时间内24小时都见到阳光。

因纽特人

　　寒冷的北极是因纽特人的家园。过去的几千年间，这个传统又古老的民族一直依靠使用简单器械捕猎实现自给自足。如今，与祖辈相比，他们的生活已经发生了很大变化。无论是伊格鲁冰屋、用海豹皮做成的小船，还是雪橇，都退出了历史舞台。现在，因纽特人的衣食住行已趋于现代化了。

鱼钩

在捕鱼之前，因纽特人首先要做的就是凿一个大小合适的冰洞。

因纽特人全家合力2～3天就可以建造一座冰屋。

北极冰盖

　　在海流和风力的作用下，北冰洋上漂浮的冰被推聚在一起，形成了连续的冰盖。因受气温变化的影响，这个冰盖时大时小。冬季，漂浮的冰盖周围的表层海水遇冷凝结成冰；夏季，它又会受热融化。

北极冰盖边缘

🐾 生命力顽强的动植物

　　北极的自然条件异常严酷，要想在这里生存下去绝非易事。好在一些生命力顽强的动植物经过重重考验，拥有了在北极生存的本领。正是它们的存在，让北极的莽莽雪原变得如此多姿多彩。

旅鼠

　　旅鼠是北极的常住"居民"。冬天时，这些小家伙会躲在温暖的地道中。可要在坚硬无比的冻土中打出通道来特别困难。因此，秋天一到，它们的前爪就会长出厚厚的角质层，为打洞做准备。

旅鼠

北极狐

　　夏天，北极狐的体毛呈棕色或灰色；到了冬季，北极狐就会换上一件纯白色的"棉衣"，这件"棉衣"的厚度是夏季的3倍多。

北极狐

冰川毛茛

地衣和苔藓

　　较低的温度和冰雪的覆盖让北极部分地区形成了永久冻土层，这是很多植物面临的最大挑战。但地衣和苔藓却凭借超高的适应低温环境的能力在这里生存了下来。

地衣和苔藓

冰川毛茛

　　漫步在北极冰雪世界中，我们会发现一种叫冰川毛茛的开花植物。它们在温度低达-5℃时，仍能迎寒开放。

北极熊

　　北极熊体表密的软毛和身体厚厚的脂肪层足以使它们抵抗风雪和严寒。要知道，即便处在冰冷的海水中，这也绝对是一套绝佳的御寒装备。北极熊常年住在巨厚的海冰上，随海冰的漂移而迁徙、捕食。近年来，随着全球气候变暖，很多北极熊不得不在岸上生活更长时间，这意味着它们可能没法找到充足的食物。

北极熊

南大洋

在地球的最南端，有一片常年被冰雪覆盖的"白色沙漠"。环绕这片"沙漠"的海洋被一些人称为南大洋或者南冰洋，它是国际水文地理组织在 2000 年新确定的一个大洋，至今仍有争议。作为世界上唯一一个没有被大陆分隔开的大洋，南大洋中一年四季都漂浮着大大小小的冰山以及零散的海冰碎片，时而还会酝酿出让人唯恐避之不及的海上风暴。

🐳 南极大陆

南极洲除周围岛屿以外的陆地被叫作南极大陆。这片大陆大部分区域常年被冰雪"隐藏"，即使是在温暖的夏季，也仅有 5% 的裸露基岩没有被冰雪覆盖。因为地处地球最南端，气候、环境极其恶劣，使它成为世界上被发现最晚的大陆，那里至今也没有定居居民，只有来自世界各地的科学考察人员和捕鲸队。

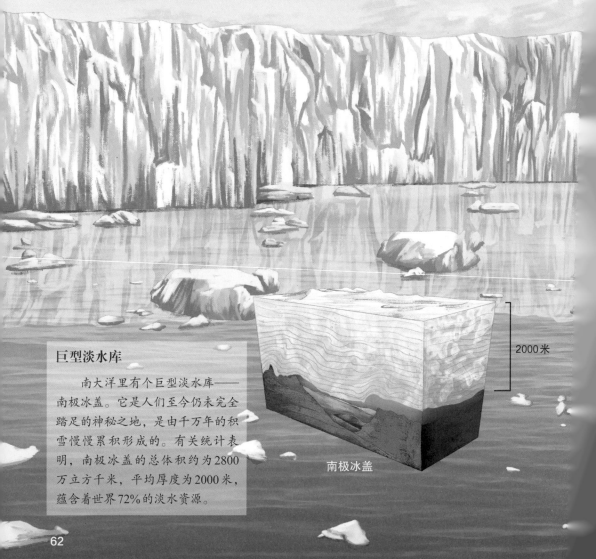

巨型淡水库

南大洋里有个巨型淡水库——南极冰盖。它是人们至今仍未完全踏足的神秘之地，是由千万年的积雪慢慢累积形成的。有关统计表明，南极冰盖的总体积约为 2800 万立方千米，平均厚度为 2000 米，蕴含着世界 72% 的淡水资源。

2000 米

南极冰盖

科学研究

目前，有30多个国家在南极建立了150多个科学考察站。这些考察站大都建立在南极大陆沿岸以及一些海岛的夏季露岩区。其中，海拔4087米的中国昆仑站是所有考察站中海拔最高的一个。

中国南极昆仑站

冰芯

南极的雪在沉积的过程中，由于重力的作用，会连同大气灰尘、化学气体和微粒沉积成冰。科学家们可以通过从冰中钻取冰芯研究过去的天气变化。

冰芯

冰山

冰盖受到重力的推动作用，会缓慢地向海岸移动。那么冰盖的前缘被推到海面上，然后发生断裂就会形成平台状冰山。随着时间的推移，这些跟着海流移动的冰山会进一步分裂，直到彻底融化。

冰石

陨石

目前，人们已经陆续在南极发现了40000多颗陨石。陨石降落在南极冰盖后，受寒冷以及洁净环境的影响，会被很好地保存起来。

63

🐚 妙趣横生的海洋动物乐园

别看南极陆生动物很稀少，可南大洋里却生活着种类繁多的海洋动物。从不起眼的浮游动物到海豹、海狮、鲸等大型哺乳类动物，从不会飞的企鹅到可以自由翱翔天际的信天翁……它们的身影遍布礁石、沙滩、海冰、浅海以及幽暗的海底深渊，勾勒出了一个生机盎然的动物乐园。

旅游

人们探索南极的脚步从未停止。现在，不但越来越多的科学爱好者喜欢来这里一窥冰雪极地的秘密，而且每年夏季都有成千上万的游客搭乘船舶到此观光。

乘船舶来观光旅游的游客

磷虾

磷虾

尽管磷虾的个头不大，可成员们凑到一起就组成了一个重达几亿吨的庞大家族。海豹、企鹅、鲸等动物都以它们为食。

潜水员在寒冷的南大洋里发现了红藻

蓝鲸

稀少的植物

与北极相比，南极气候更加酷寒，植物更加稀少，是地球上植物最稀少的地方。这里的植物一般为低等植物，主要是苔藓、地衣和藻类。

"雪龙"号

　　"雪龙"号是中国第三代极地破冰船和科学考察船，它能够破冰前行，执行极地科学考察与补给运输等任务。"雪龙"号已完成了多次赴南极的科考行动，是推进中国极地研究和探索的重要平台。

中国"雪龙"号极地考察船

信天翁

　　在南大洋的上空，我们时而能看到身姿矫健的信天翁。对于号称"世界飞鸟之王"的它们来说，日行千里、连飞数天丝毫不成问题。这些空中"滑翔专家"可以借助气流的作用，连续几个小时不扇动翅膀。

信天翁

象海豹

象海豹

　　繁殖期一到，象海豹群体中经常上演争夺配偶、抢夺地盘的大战。双方一旦开战，彼此就会拿出殊死一搏的气势，大声嘶吼着撕咬对方，直到一方遍体鳞伤败下阵来为止。

帝企鹅

　　帝企鹅是企鹅家族中体形最大的一类，它们身体的特殊构造让它们得以在南极大陆安然无恙地生存下去。

帝企鹅

蓝鲸

　　南大洋堪称鲸类的乐土。每当南半球的夏季来临，包括蓝鲸在内的多种鲸类就会跑到南大洋去度过一段愉悦时光。

第三章

海洋地理

海岸线

地球被海洋和陆地完美地分割成了两部分，连接这两部分的地方就是海岸线。海岸线是陆地和海洋的分界线，它的形成除了受潮汐运动影响外，还受许多其他因素影响。我们从来不能低估海洋的力量，它在亿万年的时间里将地球上的陆地塑造成如今我们看到的样子。

海岸线有多长？

海岸线的形态曲折复杂，想要精确计算其长度很困难。据科学家估计，世界海岸线总长大约为44万千米，包括大陆海岸线和岛屿海岸线。其中，中国大陆海岸线长约1.8万千米，岛屿海岸线长约1.4万千米。

峡湾海岸

海蚀拱桥

海蚀洞

海蚀柱

海蚀崖

被"雕琢"的海岸线

海岸线没有特定的样子，并且一直处于变化中。板块之间的碰撞和分离决定了各个海岸线的形状和位置。大多数的海岸线或平直或蜿蜒，但是有些海岸线受巨浪、冰川和火山等影响变成了特殊的样子。

海蚀崖

海蚀洞

海蚀崖

海浪不断冲击岸边的岩石，形成了陡峭的海边悬崖。夏威夷群岛的莫洛凯岛海岸线就呈现出了这种独特的风貌。这里有世界上最高的海蚀崖，平均坡度大于55°，非常险峻。

海蚀洞

海水长年累月地侵蚀海岸岩石，岩石上比较脆弱的部分就会被冲刷掉，逐渐凹陷下去，形成一个空洞。泰国普吉岛的攀牙湾就有极具代表性的海蚀洞，非常壮观。

火山海岸

火山喷发而出的熔岩等物质遇到冰冷的海水凝固堆积，还有一些靠近海洋的火山不断受到海洋的侵蚀，它们形成了独特的火山海岸。中国的涠洲岛就是火山喷发的产物。

火山海岸

海蚀拱桥

海岸边岬角处的岩石，两面都受到海水的长期侵蚀，逐渐形成了海蚀洞。海蚀洞渐渐被海水贯穿，就形成了海蚀拱桥。西班牙的卡特莱斯海滩堪称海蚀拱桥中的经典。

海蚀拱桥

海蚀柱

海蚀柱是在海蚀拱桥的基础上发展而来的。在风和地球引力等的作用下，海蚀拱桥的桥梁部分坍塌下来，将一侧的桥柱与海岸分离，这部分分离出去的桥柱就是海蚀柱。澳大利亚有 10 多座这样的海蚀柱。

海蚀柱

生物海岸

火山海岸

生物海岸

生物海岸

主要出现在热带和亚热带地区，一般指由珊瑚等生物的残骸堆积而成的珊瑚礁，或者生长着红树林的海岸。

沙砾质海岸

峡湾海岸

沙砾质海岸

沙砾质海岸

峡湾海岸

峡湾海岸多数曾经都是冰川，随着陆地下沉被海水淹没，形成了曲折狭窄的峡湾。在挪威，峡湾海岸非常常见。

沙砾质海岸

海水中松散的泥沙小石子随着海水漂浮，逐渐堆积在一起，形成了一端与海岛相连的海岸沙嘴和岛屿之间相连的连岛沙洲。

大陆边缘水域

从大陆架到大陆坡再到大陆隆，海洋在逐渐加深，这些区域也从光照充足渐渐变得漆黑神秘，实现了从浅海到深海的过渡。

什么是大陆坡？

大陆坡介于大陆架和大洋底之间，呈陡峭斜坡的形态，它的底部是陆地与海洋的真正分界线。大陆坡的宽度多在几千米到数百千米。据统计，全球大陆坡总面积约为2870万平方千米，相当于4个澳大利亚大小，约占海洋总面积的9%。

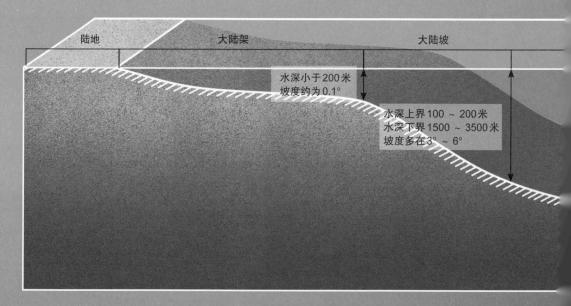

陆地　　　　大陆架　　　　　　　大陆坡

水深小于200米
坡度约为0.1°

水深上界100～200米
水深下界1500～3500米
坡度多在3°～6°

大陆边缘

沿沙滩向海里探索，我们会发现陆地在海面下平缓地延伸，逐渐变深，直到大洋盆地的边缘。大陆与大洋盆地之间的区域就是大陆边缘。大陆架是人类最先接触到的大陆边缘地带，这里盛产各种鱼类以及石油、天然气等，为人类的生产生活提供了丰富的物质资源。大陆架继续向海里延伸，突然下倾，形成一个很大的斜坡，这就是大陆坡。大陆坡很陡峭，但是到末端却渐渐变缓形成大陆隆，大陆的终点到了。

大陆架是如何形成的？

大陆架其实就是被海水淹没的陆地，那它又是如何被海水淹没的呢？原来，地壳在进行升降活动时，会造成部分陆地下沉，被汹涌的海水淹没，形成大陆架。此外，海浪长时间冲击、侵蚀海岸，会形成巨大的平台，平台被吞没后也能形成大陆架。

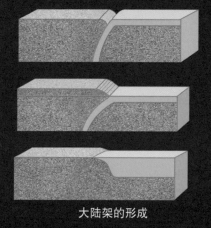

大陆架的形成

富饶的大陆架

大陆架坡度平缓，在阳光的照射下，大陆架的海水明亮温暖，这里生活着数量庞大的动植物。

大陆架的资源非常丰富，流入海洋的江河为大陆架带来了大量有机物，不仅形成了很多优良的渔场，还积累了海量的油气资源和矿藏。人们经过勘察发现，仅仅大陆架的石油储备就大致占据了地球上石油总储量的三分之一。

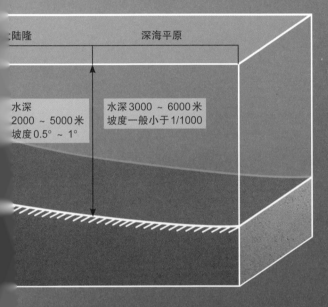

大陆隆　　　　深海平原

水深
2000 ~ 5000米
坡度0.5° ~ 1°

水深3000 ~ 6000米
坡度一般小于1/1000

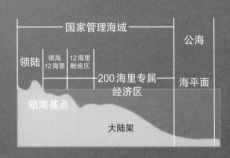

国家管理海域　　　公海

领陆　领海
12海里　12海里
毗连区　200海里专属　海平面
经济区

领海基点

大陆架

领海的划分

由于大陆架资源十分丰富，为了避免沿海相邻国家之间发生矛盾，国际公约规定，除专属经济区外，沿海国家从海岸开始12海里内的海域为本国的领海。但相邻国之间的界限则需要进行具体的划分，但是即便是这样，沿海国家之间对于资源归属的争端还是时有发生。

水母是一种低等的无脊椎浮游生物，在浅海区最为常见，它们身姿婀娜，非常美丽。研究表明，它们出现得甚至比恐龙还要早。水母有一定的毒性，但除了极个别种类之外一般不致命。

水母

蓝环章鱼看上去非常美丽。但是你知道吗？蓝环章鱼是世界上毒性非常猛烈的动物之一，一只蓝环章鱼身上携带的毒素足以毒死20多个成年人。

蓝环章鱼

我们在热带海域常常能看见静止不动的珊瑚，但是珊瑚不是植物，而是由成千上万的珊瑚虫群居在一起构成的，它们并没有随着时间的流逝而消亡，反而日渐规模庞大起来。

气泡珊瑚

海滩

大海之所以能成为旅游胜地，除了有旖旎的自然风光外，还离不开能让人与大海亲密接触的纽带——海滩。但是，并不是所有沿海的位置都有海滩。在海浪的拍击下，岩石、沙砾和珊瑚等不同的物质被打磨成或细软或圆润的样子，然后随波逐流沉积在适宜的岸边，渐渐形成了形态各异的海滩。

🌊 构成海滩的物质

我们常见的海滩大多是沙质海滩，除此之外，还有沙石质海滩和淤泥质海滩。沙石质海滩多由砾石构成，而淤泥质海滩的主要成分则是粉沙和淤泥。另外世界上还有很多神奇的海滩，如"荧光海滩""温泉海滩"等，吸引着世界各地的人们前去观光。

前滨

远滨

珊瑚

贝壳海滩

西澳大利亚丹汉姆45千米处的圣巴特斯岛应该是世界上最豪华的海滩了。这里有绵延110千米的由各种贝壳铺就的海滩。最令人称奇的是这里的海滩并不是人造的，而是海浪、飓风和海洋生物几千年间汇聚的结果。

荧光海滩

世界上有多处荧光海滩，但是以马尔代夫最多。夜晚海滩上星星点点的蓝色，像跌落凡间的繁星，美得让人窒息。马尔代夫这些美丽的光点叫多边舌甲藻，它们受到海浪的拍打而发出光亮。

黑沙滩

火山喷发后，滚烫的岩浆流入海里，冷却后变成细小的熔岩颗粒，经过海水的长期作用，这些熔岩颗粒堆积成了黑色的沙滩。冰岛维克小镇的黑沙滩漆黑神秘，吸引了世界各地无数慕名而来的参观者。

岩石

沙砾

礁肩

后滨

风成沙丘

🐾 海滩养护

海水对海岸的冲刷侵蚀是永不停歇的，采取相应措施进行海岸防护成为很多沿海地区的重要任务。当海滩遭受侵蚀比较严重或沙量不足时，人们就会运送沙石放置在侵蚀严重的地方，有时还会视情况修建堤坝进行防护。这种人工海滩能有效地维持海边沙量的平衡，减缓海水对海岸的侵蚀。

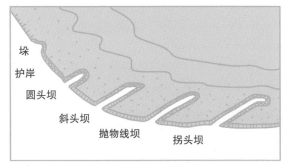

垛

护岸

圆头坝

斜头坝

抛物线坝

拐头坝

丁坝剖面图

丁坝

粉红海滩

巴哈马群岛上的哈勃岛有世界上最粉嫩的沙滩，这种粉色的沙滩是由白色的珊瑚粉末混合当地近海特有的一种有孔虫的遗骸堆积而成。这种有孔虫是红色或亮粉色的，比例又比较高，沙滩自然呈现出粉红的颜色了。

绿色海滩

世界上仅有两处绿色沙滩，夏威夷大岛的南部就有其中一处。绿色沙滩的成分主要是橄榄石。远远望去，绿色的沙滩和蔚蓝的海洋相映成趣，成为一条极其独特的风景线。

温泉海滩

你肯定想不到海滩上还能有这样的奇遇：海水退潮两个小时后，带一把铲子，找好位置挖一个大坑，坑里居然就能慢慢渗出温泉来。这里是新西兰科罗曼德尔半岛的一处海滩，因为沙滩下两千米处有火山活动，所以形成了这种特殊的自然现象。

海陆之间

海洋和大陆之间的联系千丝万缕，但并不是所有的海洋都与陆地相连，陆地上的江、河、湖等也会奔腾而下，汇聚在一起，冲出大陆，奔向海洋。河流和海洋交汇的地方就是河流的入海河口，这个位置一端连接河流，一端连接海洋，随着径流和潮汐的变化，这里的水文条件也在不断变化着。

河口区分段

河口区处在陆地和海洋之间，它并不是单纯的一个点，而是一个区间带。这个区间带可以划分为三段：受潮汐影响的河流近口段、淡水盐水混合的河口段以及连接海洋的口外海滨段。这三段的界限并不是固定不变的，径流流量等因素的变化会使它们之间的界限产生迁移。

三角洲

河流流入海洋时，流速减缓，水中携带的泥沙在河口沉积，形成状似三角形的河口冲积平原，这就是三角洲。

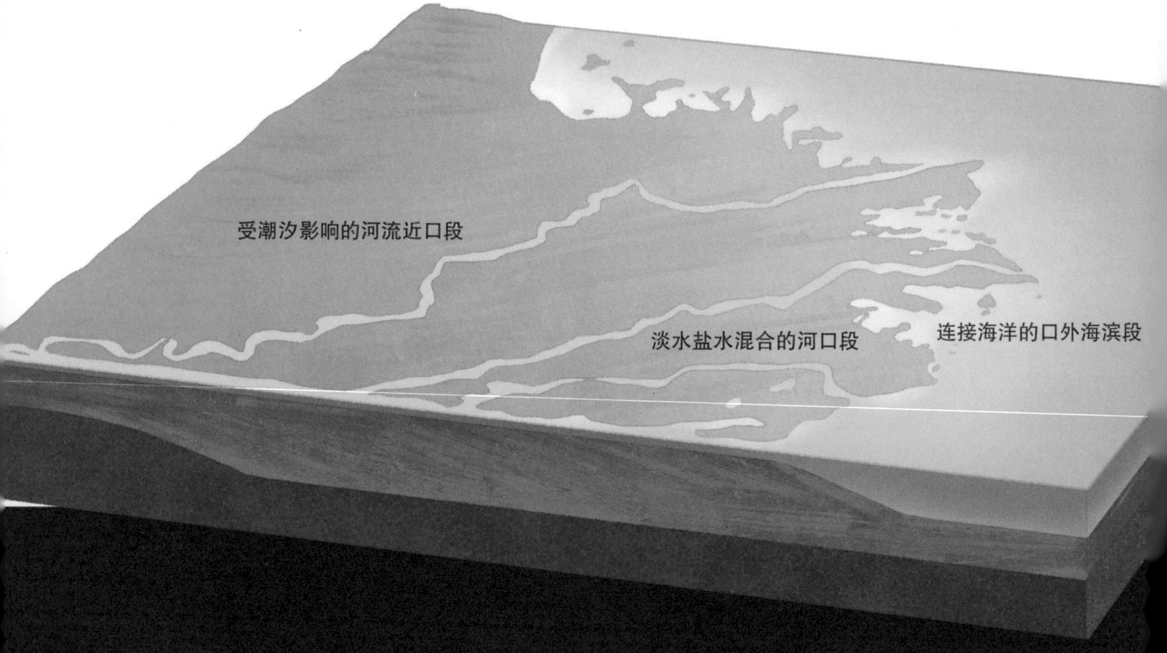

受潮汐影响的河流近口段

淡水盐水混合的河口段

连接海洋的口外海滨段

冲击三角洲的形成示意图

钱塘观潮

每年的农历八月十六至十八日，地球和太阳、月亮几乎处在同一条直线上，这几天海水受到的引潮力最大，加上钱塘江入海口处喇叭状的特殊地形，形成了钱塘江大潮景观。钱塘江大潮非常壮观，汹涌的潮水一浪高过一浪地奔涌而来，潮峰最高时达3～5米，每年这个时候都会有几万甚至十几万人慕名而来观潮。

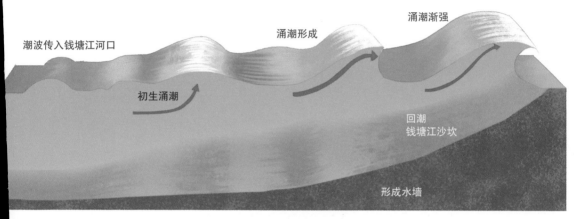

潮波传入钱塘江河口
初生涌潮
涌潮形成
涌潮渐强
回潮
钱塘江沙坎
形成水墙

钱塘江大潮形成的过程

河口生物群落

入海河口的水域盐度介于海水和淡水之间，涨潮和退潮翻动着有机物和矿物质，丰富的饵料为许多生物提供了食物。这里是鱼类和贝类的家园，它们在茂密的水草、红树林或其他适应微咸水的植物间生活着。一些动物会在河水和淡水之间洄游，鲑鱼、鳟鱼、江豚、鳗鲡等动物在洄游时都会在河口区停留，它们会调节自己的身体，来适应河口的环境。当然，河口也少不了鸟儿的身影，这里有丰富的食物，是候鸟迁徙的重要"驿站"。

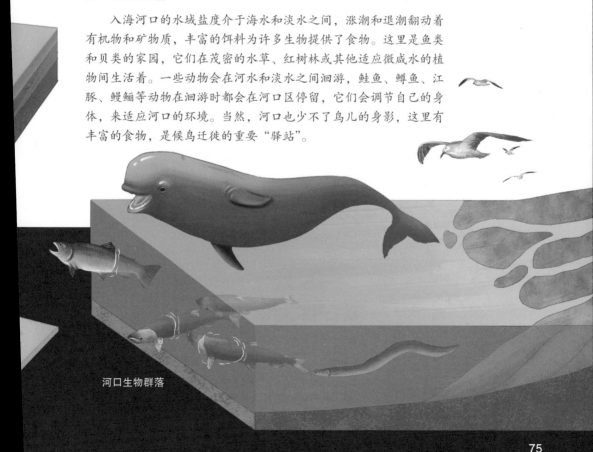

河口生物群落

海水深度

海洋里的生物受光照、温度和压力等因素影响，生活在不同的地域，这些地域有深有浅，有明亮也有黑暗。海洋从纵深上可以分为五层：海洋上层、海洋中层、海洋深层、海洋深渊层以及海洋超深渊层。阳光只能穿透海洋上层和海洋中层，所以大多数的海洋生物都生活在这两层。海洋深处漆黑冰冷，只有少数生物能适应那种极端的环境。

🐌 生活在不同的深度生物

从中层海域的中下部开始，直到超深渊海域，都是漆黑冰冷的，深海处的水温甚至接近冰点。虽然生存环境恶劣，但是依然有许多生物生活在这里，它们在漫长的生命进化中逐渐改善自身的机能，让自己能够适应极端的环境，以躲避上层生物的捕猎。

0 ~ 200米

200 ~ 1000米

1000 ~ 4000米

4000 ~ 6000米

6000米以下

🐌 生命旺盛的地方

海洋上层的水量是最少的，但是这里生活的生物却是最多的。海洋上层具有十分好的透光性，阳光直射这一层，让这层的海水温暖明亮，浮游植物得以积极地进行光合作用，同时浮游生物又为上层食物链提供了充足的食物补给。海洋中层虽然是弱光层，海水较凉，光线也较暗，但还是有不少生物生活在这里。

海洋上层 0 ~ 200米
海洋中层 200 ~ 1000米
海洋深层 1000 ~ 4000米
海洋深渊层 4000 ~ 6000米
海洋超深渊层 6000米以下

海水深度划分

巨藻

最长的藻类应该非巨藻莫属了，大多数的巨藻都能生长到几十米长，有的巨藻甚至能达到二三百米长。它们成片生长在海面下的岩石上，远远看去，就像一片海中森林，郁郁葱葱。

巨藻

金枪鱼

海百合

雪人蟹

冰海精灵

金枪鱼

大多数金枪鱼生活在100 ～ 400米深的海域，它们游泳速度非常快，并且一生从不停歇。游泳使它们的能量消耗得很快，它们必须靠不断进食来满足自身的能量需求。

海百合

海百合颜色鲜艳，形态妖娆，看起来非常美丽。但是千万不要以为它们是植物，它们可是货真价实的动物呢。海百合是十分古老的物种之一，它们早在寒武纪早期就已经存在了。

雪人蟹

雪人蟹被发现生活在2000多米的深海，它全身雪白，螯上生长着长而浓密的绒毛。它长得与正常的蟹没什么不同，但是它的眼睛只是"摆设"，因为它的视网膜功能已经完全退化了。

冰海精灵

冰海精灵这个名字多么美，这种海洋生物极其珍贵，人们只能在南北极这种冰冷的海域才能见到它。它终生生活在结了冰的海水之下，全身几乎半透明，晶莹剔透十分可爱。

海洋深处

随着文明的发展和科技的进步，人类对世界的认知已经不满足于大陆了，我们将目光聚焦在了更神秘的宇宙和海洋。人类探索宇宙的步伐明显要快过探索海洋的步伐。虽然人类的潜艇已经能到达海底一万多米的深处，但是离实现真正的探索还有些遥远。海洋深处危险重重，神秘莫测，可这也正是它最吸引人之处，无论是深不见底的海沟、稀奇古怪的生物，还是不可预知的资源、蓄势待发的火山热泉，都吸引了无数有志之士努力钻研、不断探索。

奇妙的海底热泉

在深海底部有一些奇妙的地方，这些地方会主动向外喷出热气腾腾、烟囱一样的热水，这就是海底热泉。20世纪70年代，美国科学家对太平洋东部洋底进行了考察。工作人员乘坐阿尔文号深潜器下潜到东太平洋底，发现了大量的海底热泉。它们不断向外喷涌热液，喷口处形成了高达几米甚至几十米的羽毛状烟柱，场面非常壮观。科学家将这些热泉称为"海底烟囱"。

海底热泉附近有什么生物？

按道理，像海底热泉附近这种缺乏氧气、温度多变、含有大量有毒物质的恶劣环境，是不应有生命存在的。但是，海底热泉为科学家展示了"生命的奇迹"，这里居然有生物在自由地生活着。

阿尔文号深潜器

角高体金眼鲷

可怕的尖牙

著名的"食人魔鱼"说的就是角高体金眼鲷。看它张大的嘴和尖细的牙齿是不是很吓人？它最深能下潜到水下5000米的海洋深渊层，因为深海食物匮乏，它通常见到什么就吃什么。

🐚 黑暗中的捕食者

　　深海中的生存环境十分恶劣，阳光无法到达那里。那里海水冰冷，周围一片漆黑，因此深海生物多为黑色或红色。但是别以为生活在深海的动物都是安全的，它们也有自己的食物链，更可怕的是，还有巨大的外来生物侵扰，它们得时刻保持警惕，并练就一身捕食、逃命的本领。

抹香鲸

跨海域捕食

　　巨大的抹香鲸非常擅长潜水，因此它能潜到更深层的海域中。如果运气好的话我们能看到这样的场景：巨大的抹香鲸在安静的夜色中浮在水面上酣然入睡，睡醒后就下潜入深海去寻找大王乌贼等猎物来填饱肚子。

光的诱惑

　　深海中有许多会发光的鱼类，蝰鱼就是其中一种。蝰鱼的身体两侧、背部、胸腹和尾部都有发光器，黑暗中闪闪发光十分靓丽。但它的光可不是为了美丽，而是利用黑暗环境中自身的光亮吸引猎物靠近，然后一口吞掉它们，填饱肚子。

庞贝蠕虫

蝰鱼

庞贝蠕虫

　　科学家们在海底热泉岩石上发现了大量的庞贝蠕虫，它们竖起细长的管子并蛰居在里面，丝毫不为热泉的高温所动。它们是地球上已知的最耐高温的动物。

海底地形

千百年来，人类对于海洋的探索止步于海水表层，直到20世纪科技发展带来技术支持以后，人们才将目光投向神秘幽暗的海底。当海底复杂与独特的地形呈现在科学家眼前时，他们才认识到，人类对海底的了解太少了。海底与大陆一样，也有沟壑纵横，那里有比陆地最高峰还要高的山脉，有成片高低起伏的丘陵，还有比陆地还要平坦的平原以及深不见底的海沟。海底世界丰富多彩，藏着许多我们还未探知到的秘密。

古老的海洋，年轻的海底

海洋存在的时间非常悠久，几乎与地球同龄。但与其相比，海底要年轻许多。地质学家在采集了海底岩石标本后发现，海底的"年龄"不超过2.2亿年。

🌀海底是怎么诞生的？

科学家们分析，大洋中脊是海底的起源之处。大洋中脊有一处中央裂谷带，大量滚烫的熔岩从那里涌出，在遇到冰冷的海水后迅速降温冷却，形成了海底。根据海底扩张学说，随着时间推移，新的海底会推动着较老的海底向两侧扩展，我们现在所见到的海底正是这样一步步扩张形成的。

海底扩张学说

20世纪60年代初，美国科学家赫斯提出"海底扩张"的概念。之后不久，另一位科学家罗伯特·迪茨在著名科学杂志《自然》上第一次采用了"海底扩张"的专业术语。

深海平原

大洋最深处——海沟

海沟是海洋最深的地方，位于大洋边缘地带，形态一般呈弧形或直线，长度多在500千米以上，宽度多超过40千米，深度则大于5000米。目前，人们发现的世界上最深的海沟是位于太平洋的马里亚纳海沟。

重要的深海平原

深海平原是大洋盆地错综复杂的地形之一，这里地形平缓，几乎没有人为开发的痕迹，平坦程度甚至超过了陆地平原，是地球上人迹罕至的"净土"。深海平原广泛分布在世界各处海域的底部，约占据海底面积的40%。这里矿藏丰富，铁、铜等金属矿产储量巨大，在将来，这里极有可能成为人类新的资源宝库。

海底地形的主体

大洋盆地是海底地形的主体部分，大约占据了海底总面积的45%。不要以为大洋盆地只有盆地，实际上，它的地貌复杂多样，凹凸不平，包括深海平原、深海丘陵等地形。

深海平原

深海丘陵

海沟

海底火山

大洋底部散布着两万多座海底火山，其中有近70座是活火山，它们大多分布在大洋中脊和大洋边缘的岛弧处。在地壳运动和火山活动的长期作用下，有的海底火山会升出海面，形成火山岛，邻近的火山岛们会形成较大的岛屿，夏威夷岛就是这样来的。

海洋的脊梁

脊柱对于大部分生物来说都是重要的支柱，而洋中脊被称为"海洋的脊梁"，其重要性不言而喻。洋中脊又叫"中央海岭"，是海底扩张的中心，决定着海洋的成长。洋中脊的规模非常庞大，横贯各大洋，绵延几万千米，宽数百到数千千米。

海岭的分布

海岭分布在地球各大洋的海底，其中最典型的要数大西洋。大西洋中央有一条贯穿冰岛和南极的海岭，整体呈"S"形。亚速尔群岛等露出水面的大岛是这条海岭的最高峰。

珊瑚礁

珊瑚虫是海洋中最杰出的"工程师"，它们经过成千上万年的累积，形成了我们如今能看到的珊瑚礁。珊瑚礁在浅海最为常见，它们为很多动植物创造了一片生活的"乐土"。珊瑚礁大约每年生长2.5厘米，生长速度非常缓慢。可想而知，如今知名的大珊瑚礁是经过多么漫长的岁月才积累而成的。而这样漫长的岁月同时也为珊瑚礁积累了丰富的矿产资源。

珊瑚礁与海岸线有着密不可分的关系，最初对珊瑚礁进行分类的是英国生物学家达尔文，他根据珊瑚礁与海岸线的关系将珊瑚礁分为三类：岸礁、堡礁和环礁。

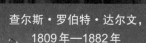

查尔斯·罗伯特·达尔文，
1809年—1882年

致命杀手

棘冠海星是珊瑚礁的"房客"之一。与大多数友好的"房客"不同，棘冠海星的存在会威胁到珊瑚虫的生命，一旦这个族群大规模繁殖生长，珊瑚虫就难以摆脱被蚕食的命运了。

棘冠海星

岸礁

　　岸礁又被称作裙礁或边缘礁，是生长在大陆或者岛屿边缘的珊瑚礁。有些岸礁可以向海岸外延伸数千米，由于它们生长的深度比较浅，涨潮时就会被淹没，退潮时才会露出水面，因此给航海安全带来不小的威胁。现在的航海图上都会精确地标明已发现的岸礁的位置，靠近航线的岸礁附近还会建起灯塔为来往船只指引方向

堡礁

　　有一些珊瑚虫喜欢生活在远离海岸的浅海中，它们汇聚在一起形成了宽带状的大珊瑚礁，这些珊瑚礁紧挨潟湖，与海岸隔湖相望。堡礁的宽度大多数有几百米，很少有超过1000米的，但是长度跨度却很大。

环礁

　　达尔文认为火山岛与环礁的形成密切相关：珊瑚沿着火山岛周围生长，形成岸礁，随着海平面上升或火山岛下沉，最终变成环礁。人类对海洋的探索程度只能算是冰山一角，对于很多地理结构和自然现象的研究也是靠仅有的科学证据来进行，并以推理和猜测居多，因此关于环礁形成的原因，一直众说纷纭。

岸礁　　　　　　　堡礁　　　　　　　环礁

　　大堡礁位于澳大利亚东北海岸，长度超过2300千米，由几千个珊瑚礁、珊瑚岛、沙洲组成，是世界上最大的珊瑚礁。大堡礁在地球上存在的历史已经超过200万年，它完全自然生长，是纯粹的天然景观。

岛屿

人们将比大陆小且被水体环绕的陆地称为岛屿。岛屿的面积大小不一，从不足一平方千米的屿，到足够千万人生活居住的几万平方千米的岛，不一而足。与江河、湖泊相比，海洋中岛屿的数量是最多的。在一定地域范围内，有两个以上的岛屿，就可以被称作岛屿群；大型的岛屿群就是群岛。有一些国家的国土基本都分布在岛屿上，这样的国家还可以被称作岛国，比如新西兰、日本等。

岛屿的分类

岛屿形成的原因有很多，人们按照岛屿的成因将其分为四类：大陆岛、珊瑚岛、火山岛和冲积岛。世界上比较大的岛屿大多数都是大陆岛。

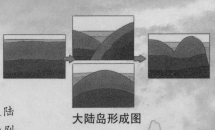

大陆岛形成图

大陆岛

大陆岛

大陆岛在很久以前曾经是大陆的一部分，但是在大陆地壳活动剧烈的时期，下沉的陆地或上升的海水使一部分陆地与整个大陆分开，形成了大陆岛，中国的台湾岛、日本诸岛等都属于大陆岛。

大陆岛

珊瑚岛

珊瑚岛一般分布在热带海洋地区，它们的形成一般与地质构造没有太大的关系，而是由海洋里活着的动植物或它们死后的残骸堆砌形成。珊瑚岛主要集中在南太平洋和印度洋。

马尔代夫是世界上最大的珊瑚岛国，那些细软的沙滩之所以呈现出雪白的颜色，是因为覆盖了一层厚厚的磨碎的珊瑚粉末、珊瑚沙和珊瑚泥。

珊瑚岛

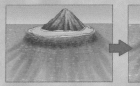

珊瑚礁在火山岛周围形成

火山岛被侵蚀，珊瑚礁继续扩展

最后剩下暗礁和矮岛

珊瑚岛形成示意图

火山岛

海底火山喷发的物质不断堆积形成岛屿，除了在大陆架和大陆坡海域形成的火山岛之外，其余的火山岛与大陆的地质构造没有什么关系。夏威夷群岛中的大部分岛屿都是火山岛。

瓦胡岛

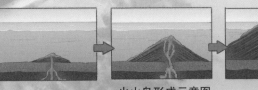

火山岛形成示意图

冲积岛

组成冲积岛的主要物质是入海口处江河搬运来的泥沙，因此也被称作沙岛。世界上许多大河的入海口处都有冲积岛。由于冲积岛的主体是泥沙，因此它会因周围水流的变化而发生大小和形态上的变化。

马拉若岛：位于巴西的马拉若岛是世界上最大的冲积岛，马拉若岛紧邻大西洋，但亚马孙河水流量非常大，这让马拉若岛周围一定范围内的海水几乎都不含盐分。

冲积岛形成示意图

🐚 岛和屿的区别

虽然人们常把岛屿放在一起，但实际上，岛和屿是不同的。岛的面积相对较大；而屿的面积要比岛小很多，通常依附陆地或岛存在，有的屿还会在海水涨落的时候"运动"。

中国的岛屿

别看中国陆地辽阔，岛屿却一点也不少。中国海域大大小小的岛屿共有7600多个，岛屿海岸线长1.4万多千米。东海的岛屿数量最多，约占全国岛屿总数的60%；南海的略少，约占全国岛屿总数的30%；渤海与黄海的更少，两者合计大约只占全国岛屿总数的10%。

世界最大的岛屿：格陵兰岛

🌀岛屿数量知多少

据科学家统计，目前全球岛屿的数量超过了5万座，其面积之和大致相当于俄罗斯的国土面积，占据了陆地总面积的7%左右。

岛屿的归属权

世界上绝大多数的岛屿归属权是明确的，它们通常归属于一个国家，并成为该国领土的一部分。然而，也有一些岛屿的归属权存在争议或复杂情况，它们可能分属于不同的国家，甚至引发国家间的争端。

圣马丁岛：圣马丁岛是位于加勒比海东北部的一个岛屿，分属于荷兰和法国。法国部分占全岛面积的61%，荷兰部分占全岛面积的39%。

圣马丁岛

世界最小的岛国：瑙鲁。它的陆地面积只有21.1平方千米，海洋专属经济区面积却达到32万平方千米。

瑙鲁

群岛和半岛

　　岛屿们像地球上的星辰一样散布在不同的大洋中，不过，很多岛屿并不是独立存在的，它们有的一部分与大陆相连，有的则与周边的岛屿连成一片，形成大规模的群落。

群岛

　　海上有许多相距很近、成因有一定联系的岛屿，这些岛屿集合在一起，统称群岛。世界上四个大洋中都有群岛分布，大大小小的群岛有50多个，位于太平洋的有19个，大西洋有17个，印度洋有9个，北冰洋有5个。这些群岛根据形成原因的不同可以分为构造群岛、火山群岛、生物群岛以及堡垒群岛。

群岛也分大小

　　与普通的岛屿一样，群岛也有大小之分。群岛之间的界限并不是很分明，很多小的群岛看似互相之间没有关联，实则同属于一个大群岛。比如菲律宾群岛、大巽他群岛以及东南群岛等都属于马来群岛。

构造群岛

群岛

半岛

世界之最

　　位于西太平洋海域的马来群岛是世界上最大的群岛，群岛上的岛屿多达2.5万多个，分属于马来西亚、印度尼西亚、菲律宾、新加坡等不同的国家。马来群岛位于板块交界处，地壳不稳定，导致这里地震、火山爆发时有发生，马来群岛在这些地质活动的塑造下，变得地形崎岖，山脉纵横。

　　南太平洋的托克劳群岛是世界上最小的群岛，面积只有10平方千米左右。它由3个珊瑚环礁组成，即努库诺努环礁、法考福环礁和阿塔富环礁。

舟山群岛是中国第一大群岛，舟山市也是中国仅有的两个以群岛建制的地级市之一，另一个是海南省的三沙市。舟山群岛是亚热带海洋性季风气候，资源丰富，气候宜人，风光优美，有"东海鱼仓"之称，吸引了国内外游客前来观光游玩。

🐚 半岛

大陆的边缘地带有一些地方因为地质构造断裂塌陷，形成一半深入水中，一半与大陆连接的岛屿，这样的岛屿被称为半岛。另外，水流携带的泥沙和海浪侵蚀的岩石碎屑等物质也会随海水运动逐渐堆积扩大，与大陆相连，这也是部分半岛的成因。

火热的半岛

世界上最大的半岛是阿拉伯半岛，然而，虽然它的名字叫半岛，岛上的大部分地区却是沙漠。那里气候极度炎热干燥，年降水量极少，有的地区甚至几年都不下雨。

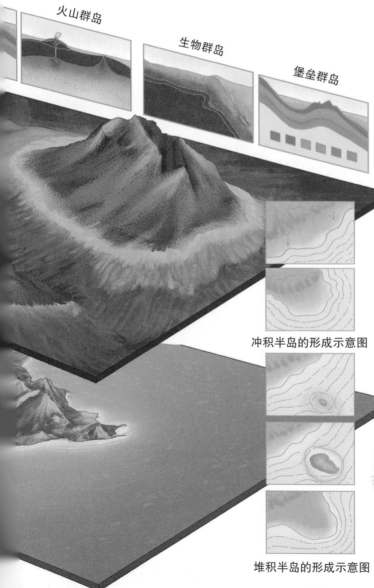

火山群岛

生物群岛

堡垒群岛

冲积半岛的形成示意图

堆积半岛的形成示意图

迪拜位于阿拉伯半岛中部，是建立在沙漠上的城市

海峡和海湾

地图上两块陆地之间常常有一条狭窄的水道，它的名字叫海峡。还有一些海域地形十分特殊，它们只有一面与海洋相连，其余的部分深入陆地，这片被陆地环抱着的海域就是海湾。一般来讲，海峡的深度比较大，水流也相对湍急。由于海峡沟通两端海域，地理位置十分特殊，它往往是海上交通的要道。

海峡的形成与特点

海峡是由于海水对地峡的裂缝进行长年累月的侵蚀，或者原本存在的陆地凹处被海水淹没后形成的地貌。海峡一般位于陆地和海岛之间，两端连接着海域，水位较深，水流湍急，经常出现涡流，因此这里很少有细小的沉积物，水底多是坚硬的岩石。另外，海峡中不同位置的海水温度、盐度、透明度等都有差异。

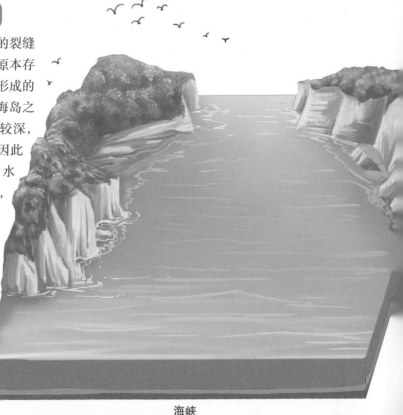
海峡

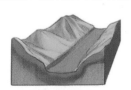

海峡的形成示意图

重要意义

由于海峡是两块陆地之间的天然水道，因此对于许多国家来说，海峡是一个至关重要的存在，具有非常高的航运价值和战略地位。

国际海峡

很多国家将自己的领海宽度定为12海里，然而有的海峡比较狭窄，根本不足24海里，因而这片海峡的所有权归属于两国。但是有时有些重要的国际贸易航线需要经过这片海峡，因此国际《海洋法公约》对通航制度做了专门的规定。

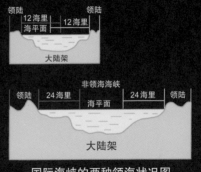
国际海峡的两种领海状况图

世界上最大的海湾

世界上最大的海湾是位于印度洋的孟加拉湾，它依偎在斯里兰卡、印度、缅甸等国的怀抱中。优越的地理条件使这里生物资源和矿产资源十分丰富。然而孟加拉湾却是个"会发脾气"的海湾，每年4～10月，这里总会孕育出超强的热带风暴，伴随着滔天的海潮冲向恒河-布拉马普特拉河口，给当地带来巨大的灾害。

奇怪的命名

孟加拉湾是孟加拉国的吗？事实上，孟加拉湾沿岸有7个国家，它是归多国所有的。世界上还有许多这样的地方，这些地方以某一国的名字或某一个民族的名字来命名，但这并不代表归属权，而是作为一种国际通用的地理标志。

2008年4月底，孟加拉湾中部形成了一个气旋——纳尔吉斯，起初它缓慢地向西北方向移动，而后改变方向向东移动，并且强度增强，形成强气旋风暴，最后在缅甸伊洛瓦底省登陆。纳尔吉斯给缅甸带来了极大的灾害，十几万人因此死亡或失踪。

纳尔吉斯经过后的
伊洛瓦底局部图

海湾

非领海海峡

在那些宽度大于24海里的海峡，除去两岸国家领海范围的海域里，所有的船只都是可以自由通行的，这样的海峡就是非领海海峡。

英吉利海峡沿岸的七姐妹悬崖

英吉利海峡同属英、法两国，是国际航运要道。图为英吉利海峡沿岸的七姐妹悬崖，它以其陡峭的悬崖和独特的风光吸引了无数的游客。

内海海峡

内海海峡归沿岸国家所有，在所属国家的领海基线以内，其余国家的船只如果想要在这里通行，必须经过该国的允许，并且需要遵守该国的法律规章制度。

第四章

海水运动

海浪

　　在一望无际的海边，我们经常能看到这样的景象：翻腾的海浪带着一往无前的气势，狠狠拍打在礁石上，粉身碎骨，变成一片片雪白的浪花。看到此情此景，不知道大家有没有想过，海浪的本质是什么？它们又是怎样产生的呢？

海浪的"真面目"

　　海浪并不神秘，究其本质，它只不过是一种在海洋里随处可见的波动现象，是海水运动的表现方式。

　　那海浪又是怎样产生的呢？答案其实很简单，绝大部分海浪都是在风直接或间接的影响下形成的。举个简单的例子，当风吹过时，海面在其作用下，开始荡起层层叠叠的浪花。如果风力慢慢变大，并保持在一定程度没有消减的话，那么波浪就会不断起伏，并变成较大的海浪。

近岸浪：当风浪或者涌浪抵达岸边后，受到地形影响后改变的浪。

风浪：在风力直接作用下产生的海面波动现象。

涌浪：当区域内的风平息后，或者风在区域外所引起的浪。

海浪的分类

　　海浪的类型有很多种。一般人们都会按照其传播过程，将海浪大致分为风浪、涌浪、近岸浪三种。

翻腾的海浪拍打在岩石上

风　　　　海浪

风力作用下的海浪

海浪的等级

什么？海浪还分等级？那是当然的了！作为大海中最常见的物理现象，海浪的威力不容小觑。如果不能对海浪做一个科学的等级划分，那么对于航海工作者来讲，会是一件非常糟糕的事情。

海浪的等级一般都是由波高决定的。而所谓波高，其实指的就是相邻的波峰与波谷之间的垂直距离。以下图为例，两者之间的垂直距离越大，也就意味着海浪的等级越高。

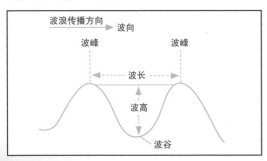

我国国家海洋局在进行了多年详细的研究后，根据波高将风浪分为 0 ~ 9 十个等级，对应涌浪的五个级别。

浪级	风浪名称	涌浪名称	浪高区间（米）
0	无浪	无涌	0
1	微浪	小涌	< 0.1
2	小浪		$0.1 \leq H_{1/3} < 0.5$
3	轻浪	中涌	$0.5 \leq H_{1/2} < 1.25$
4	中浪		$1.25 \leq H_{1/2} < 2.5$
5	大浪	大浪	$2.5 \leq H_{1/3} < 4.0$
6	巨浪		$4.0 \leq H_{1/3} < 6.0$
7	狂浪	巨浪	$6.0 \leq H_{1/3} < 9.0$
8	狂涛		$9.0 \leq H_{1/3} < 14.0$
9	怒涛		$H_{1/3} \geq 14.0$

为什么"无风也有三尺浪"？

很早以前，有人注意到，即便海上一点风都没有，海面依旧会出现波浪。这其实是别处海域的风浪传播过来的缘故。但就算彻底摆脱风力作用，大海也仍会受到像天体引力、火山喷发、海底地震、塌陷滑坡、气压变化等因素的影响，形成巨大波动，造成海浪的出现。

除此之外，还有一部分海浪是由一些其他原因造成的，比如：

船舰航行时向两侧分出的船行波

由于大气压力骤然变化引发的风暴潮

海底地形变化导致的大海啸

海水密度分布不均导致的海洋内波

潮汐

在古代，出于对海洋的敬畏，迷信的人们常常把大海神秘化，认为海水的涨潮与落潮，是海洋在"呼吸"。时过境迁，到了现代社会，大家都已经明白，那只是一种名为"潮汐"的自然现象罢了。

认识潮汐

关于潮汐是怎么产生的这个问题，很久以前就有人在研究了。古希腊哲学家柏拉图认为潮汐是由于地下岩穴震动导致的；中国古代学者张衡以及余道安在总结了潮汐运动的规律后，进一步指出，潮汐和月球有很大关系。但直到17世纪80年代，艾萨克·牛顿提出了万有引力，人们才算真正完美解释了潮汐的来源。

艾萨克·牛顿

潮汐的形成

潮汐的出现和一种叫"引潮力"的力量息息相关。所谓"引潮力"指的是包括月球、太阳对地球上海水的引力，以及地球公转而产生的离心力，这两种力量合在一起后，形成的引起潮汐的原动力。一旦太阳、地球和月球的相对位置发生周期性变化，"引潮力"也会随之出现周期性变动，海洋潮汐的现象就这样形成了。

"太阴潮"与"太阳潮"

在中国，由月球引起的潮汐现象被称为"太阴潮"；而由太阳引发的潮汐现象被称为"太阳潮"。两者都属于天文潮。

月球与潮汐

在产生"引潮力"的一系列天体运动中，月球占据了重要地位。太阳虽然质量庞大，但距离地球太过遥远，所产生的"引潮力"远不如月球。

潮汐的类型

各种各样因素的影响，使地球上各地潮汐的规律并不统一。为了方便统计，人们一般将潮汐分为半日潮、全日潮和混合潮三类。

半日潮：指在一个太阴日（以月球为参考点的地球自转周期，时长24小时50分）内，一共发生2次高潮和低潮，且邻近的高潮或相邻的低潮高度大致相同。

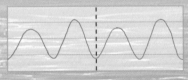

半日潮

全日潮：同样是在一个太阴日内，只发生一次高潮和低潮，两者相隔时间约为12小时25分，这种一天一周期的潮被称为全日潮。

全日潮

混合潮：是半日潮与全日潮的过渡类型，一般分为混合的不正规半日潮和混合的不正规全日潮。这种潮汐基本没有什么运动规律。

洋流与环流

　　地球上的海洋并不是静态的，它们总是沿着比较固定的路线，每时每刻，奔腾不息地流动。这就是洋流，也叫海流。这些大大小小的洋流遍布全球，有的从某片海域流出后，兜兜转转，又会流回原来的海域，它们被称为大洋环流。

🌀 暖流和寒流

　　洋流按水温低于或高于所经海区等因素被划分为两类：一类是暖流，另一类是寒流。前者从低纬度流向高纬度，且温度高于其流经海域；后者则从高纬度流向低纬度，且温度要低于其流经的海域。

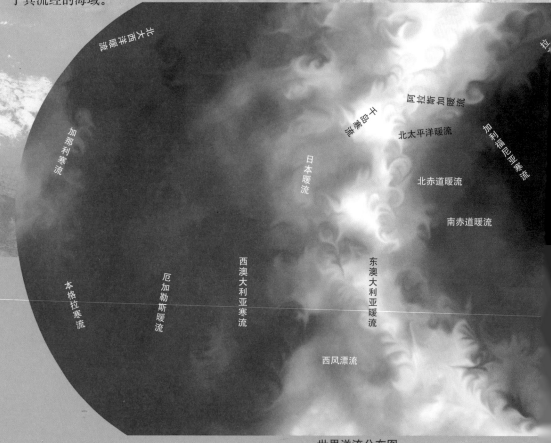

世界洋流分布图

你知道吗？

　　如果你在澳大利亚的海边扔出一只漂流瓶，经过多年后，美国佛罗里达州的某人也许会在沙滩上发现它。而"帮助"漂流瓶完成这次旅行的，正是洋流的力量。

漂流瓶在洋流的助力下的旅行路线

哥伦布与大洋环流

古代航海技术没有现代这么发达，因此航海家们除了使用风帆以及人力之外，更多还是要依靠洋流的力量。当初哥伦布从欧洲两次前往新大陆时，先后走了两条不同的线路。第一条递着北大西洋暖流和墨西哥湾暖流前进，路上花费了将近40天时间才抵达目的地；而第二条则沿着加那利寒流和北赤道暖流航行，一路顺风顺水，只花了20多天的时间就顺利到达。

墨西哥湾暖流：墨西哥湾暖流又叫湾流，是世界第一大海洋暖流，其中蕴含着巨大的热能，就像一条永不停歇的"暖水管"，温暖了所有经过地区的空气。就是在它的影响下，北冰洋沿岸港口摩尔曼斯克港成了北极圈唯一的不冻港。

秘鲁寒流：大多数寒流海域都是天然的优良渔场，秘鲁寒流自然也不例外。这是因为垂直向上的上升洋流将下层海水中大量营养物质带到海面，吸引了大量海洋生物。号称"世界四大渔场"之一的秘鲁渔场就在这里。

换个角度看洋流

如果说暖流和寒流是根据纬度高低以及温度来划分的话，那么，接下来要讲的3种洋流，就是根据各自的形成原因来分类的。

密度流：由于各地海域的水温与盐度不同，导致海水密度产生差异，并引起海平面倾斜。而在这个过程中由海水流动形成的洋流被称为密度流，主要分布在热带及亚热带海域。

密度流

风海流：在风力作用下随风漂流，同时上层海水带动下层海水流动，形成的规模较大的洋流。主要分布在常年受到盛行风以及季风影响的海域。

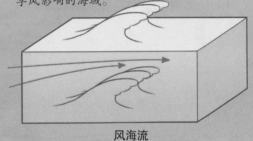

风海流

补偿流：当一处海域的海水流走了，与之相邻的海域就会有海水补充进来，这样引起的海水流动就形成了补偿流。

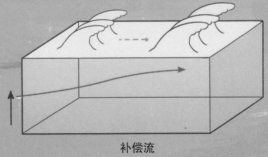

补偿流

风

风是地球上一种十分常见的自然现象。当温暖的阳光照射在地球表面时，地表的温度就会渐渐升高。同时，地表空气也会因为受热膨胀变轻，并慢慢上升。而当热空气上升离开后，冷空气就会"乘虚而入"，导致热空气逐渐变冷下沉。空气如此往复循环的流动，就会产生风。

根据气象学的定义，人们将风分为陆风和海风两种。而在这里我们要着重介绍的是海风，即从海面吹向陆地的风。一般情况下，这些从海洋上空吹来的风基本吹向同一个方向。其中，我们比较熟悉的盛行风包含西风带、极地东风带以及信风带。

极地东风带：看名字就知道，它们主要分布在地球南北两极地区。在那里，由于大多是冰天雪地的海域，气流从当地向温暖地区运动，不过方向会向西偏移，因此北极形成东北风，南极形成东南风。

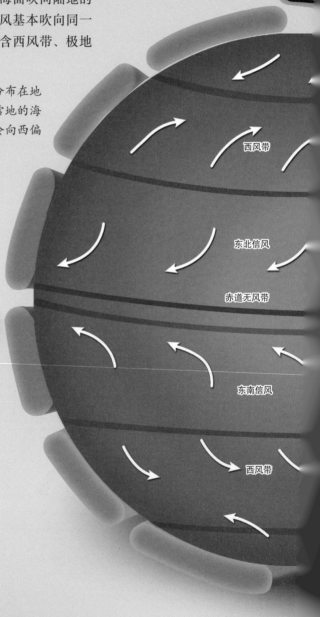

西风带

东北信风

赤道无风带

东南信风

西风带

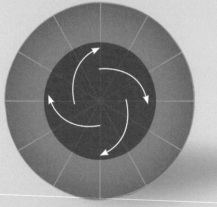

北极的极地东风带

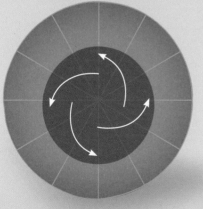

南极的极地东风带

风带分布示意图

西风带：位于温带地区的海洋上空，也就是西风带区域，风是自西向东吹的。另外，因为接近两极的地区没有能阻挡气流运动的陆地，所以这里的风力格外强劲，西风带也被称为"咆哮西风带"。

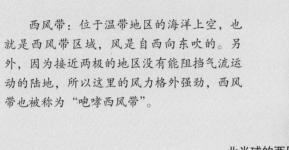

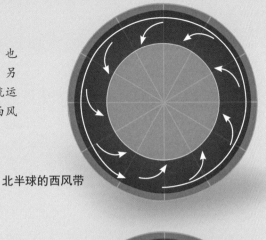

北半球的西风带

南半球的西风带

信风带：信风也叫贸易风，这是因为过去交通不方便，人们在进行跨洋贸易时，所使用的船只都是帆船。而这些帆船往往需要信风的帮助才能远航，所以信风才有了这么一个别名。出现信风的地区位于低纬热带海域，北半球是东北风，南半球是东南风，这个风向是在地球自转与偏移的力量作用下形成的。

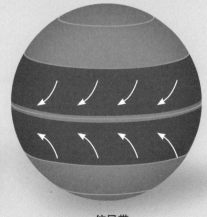

信风带

台风

台风是一种发生在热带海洋地区的巨大气旋，它拥有强大的力量，可以摧毁一切，经常给沿海地区和国家造成严重损失。根据热带气旋产生地点的不同，人们对它的称呼也不一样。人们称西北太平洋及其沿岸地区的热带气旋为台风，而大西洋和东北太平洋及其沿岸地区的热带气旋则依强度称为热带低气压、热带风暴或飓风。

🌀 台风是怎样形成的？

当热带海洋的海水温度高到一定程度时，受热蒸发到空气中的海水就会形成一个低压中心。随着时间的推移，这个低压中心会在地球自转与气压变化的影响下，使周围的空气围绕它逆时针转动，形成不断旋转的热带气旋。这个时候，只要温度条件合适，热带气旋就会不断增强，形成可怕的台风。目前，太平洋和大西洋是台风发生频率最高的海域，平均每年都会生成几十个台风。

气象云图中的台风

台风形成示意图

台风的结构

科学家通过研究气象观测资料，根据台风不同部分的气流速度，将其划分为外圈、中圈、内圈3部分。风力最为强劲的外圈部分半径为200 ~ 300千米，风速从外向内急剧增大；破坏力最强的是中圈，半径不超过100千米；内圈又叫"台风眼"，是三个部分里最安静的区域，半径在5 ~ 30千米之间。

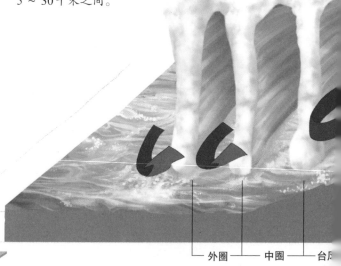

外圈 —— 中圈 —— 台[风眼]

台风的三层结构

台风眼为什么平静无风？

台风内部的风在沿着逆时针方向转动的同时，使中心空气也随之一起旋转。而在转动过程中产生的离心力与旋转吹入的风相互抵消，因此形成了台风眼内"风平浪静"的情况。

台风的等级

台风产生后，形态有大有小，有强有弱，为了方便起见，人们将台风分为六个等级，分别是：

热带低压：最大风速6～7级；
热带风暴：最大风速8～9级；
强热带风暴：最大风速10～11级；
台风：最大风速12～13级；
强台风：最大风速14～15级；
超强台风：最大风速≥16级

中国台风预警信号

为了让人们可以很好地抵御台风，降低它造成的损失，中国气象局于2004年规定了4种台风预警信号。

蓝色：24小时内可能受到热带低压影响。

黄色：24小时内可能受到热带风暴影响。

橙色：12小时内可能受到强热带风暴影响。

红色：6小时内可能或已经受到台风影响。

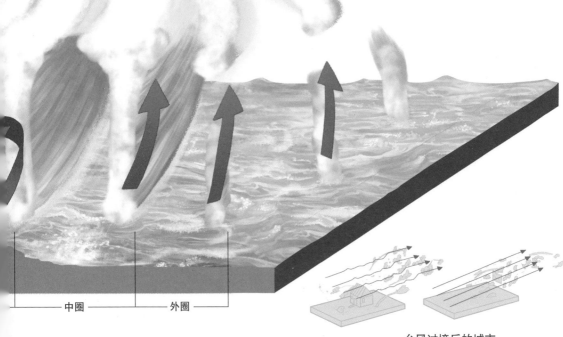

中圈 —— 外圈

台风过境后的城市

台风也有优点

台风虽然破坏力巨大，但它也有不能否认的功绩。台风可以调节地球温度，避免了"热带更热，寒带更冷"的糟糕局面，同时台风还为陆地带来了大量降雨，缓解了旱情。此外，台风还将海底的营养物质翻动到海水表层，吸引鱼群，为渔民带来便利。

破坏力强大

当台风登陆后，强大的风暴会为人类带来巨大的麻烦与灾害：房屋建筑以及公共设施的毁坏、交通堵塞难以运行、农作物的损毁，等等。除此之外，台风还容易造成山洪、泥石流、滑坡等次生灾害，严重威胁人们生命与财产安全。

海啸

海啸是一种具有强大破坏力的海浪，它在所有海洋灾害中位列榜首。海啸巨大的力量可以轻易摧毁陆地上的堤坝、房屋等建筑，淹没道路、农田，严重威胁人们的生命和财产安全。

🌀 海啸的概念

当海底发生地震、火山爆发、滑坡等激烈的地壳变动时，会引起海面大幅度的涨落，这种情况就叫海啸。海啸是一种可怕的海洋灾害，它的传播速度极快，可以在短短几小时内横跨大洋向海岸袭来，达到每小时数百千米至1000多千米。等到了浅水海岸地带，受到地形影响的海啸就会形成高达几十米的巨浪，以横扫六合、席卷八荒的气势摧毁岸上的一切。

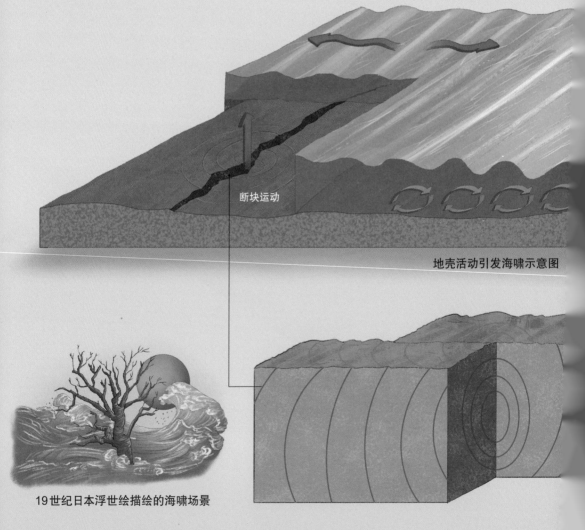

断块运动

地壳活动引发海啸示意图

19世纪日本浮世绘描绘的海啸场景

海啸有几种?

人们根据海啸发生的区域和造成的破坏程度将其分为两类: 本地海啸和遥海啸。本地海啸又叫近海海啸,通常来讲,本地海啸的发生源距离受灾区域比较近,一般不超过100千米,这也就意味着,以海啸的速度抵达海岸根本花费不了多长时间,这样即使人们收到海啸预警,也没办法快速、有效地采取防范措施,因此本地海啸的危害极大。而遥海啸则不同,它的发生源距离海岸很远,一般是在大洋深处,它为人们留下了充足的时间,做防范准备。

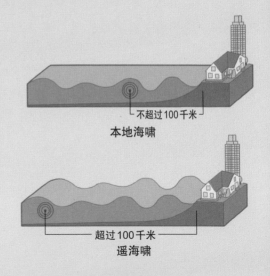

不超过100千米
本地海啸

超过100千米
遥海啸

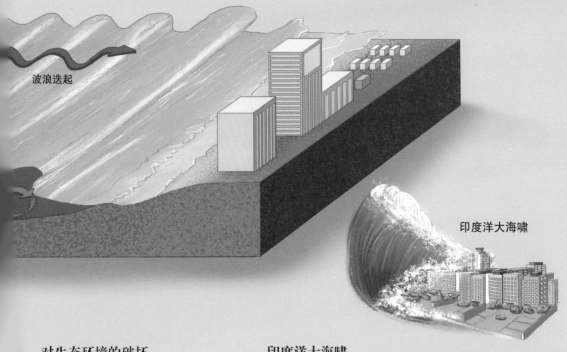

波浪迭起

印度洋大海啸

对生态环境的破坏

海啸为人类带来的灾害远不只是生命、财产受到威胁那么简单,它还会对生态环境造成破坏。当海啸淹没农田时,盐分极高的海水会腐蚀土壤表层,使其养分流失,不容易恢复。此外,海啸还会破坏珊瑚礁、水草、红树林,令一些海洋生物失去赖以生存的家园,渐渐走向死亡。

印度洋大海啸

2004年12月26日,印度洋苏门答腊岛发生了里氏9.1~9.3级的海底大地震。剧烈的地壳活动使海面掀起了滔天巨浪。巨大的海啸席卷了大半个印度洋地区,沿岸国家损失惨重。大约30个小时后,海啸的力量渐渐消散。事后,据人们统计,这次大海啸一共造成近30万人死亡、约8000人失踪,还有差不多100万人成为无家可归的难民。印度洋大海啸是近200年来造成人员死伤最多的海洋灾害。

厄尔尼诺和拉尼娜

有谁能想到,"圣女"(拉尼娜)与"圣婴"(厄尔尼诺)这两个宗教意味浓厚的名词,在气象学中指的却是两个带来不祥与灾祸的异常自然现象呢!

向西吹的信风从南美洲启程

赤道

暖水

"圣女"拉尼娜

在西班牙语里,拉尼娜(La Niña)是圣女的意思。它在气象学中指的是一种反常自然现象,即赤道太平洋东部与中部海面的温度持续降低的情况。一旦出现"拉尼娜"现象,东太平洋地区的气温就会明显变低,甚至导致全球气候都发生混乱。

"拉尼娜"现象是怎么发生的?

"拉尼娜"现象的出现和信风有很大关联。当太平洋信风持续加强时,太平洋东部海域温暖的表层海水就被信风吹走,而下层冰冷的海水会趁机上浮,填满表层暖水流走的空缺。就这样,太平洋东、中部海面表层的温度持续降低、变冷,"拉尼娜"现象也因此形成。

"圣婴"厄尔尼诺

很久以前,生活在南美洲的古印第安人发现,在每隔几年的圣诞节前后,都会发生一些怪事:海水温度异常升高、大规模降雨、海鸟成群迁徙……他们将这种反常的怪异自然现象称为"圣婴现象"。而"厄尔尼诺"一词则是后来由西班牙语音译过来的。

都是信风惹的祸

"厄尔尼诺"现象指的是热带太平洋区域海水异常变暖的气候现象。它是由赤道附近的东南信风引起的。当赤道附近的东南信风减弱时,原本被风力带动的表层海水流速减慢,而下层冰冷海水上浮的速度也随之变缓,海水的温度因此升高,引发"厄尔尼诺"现象。

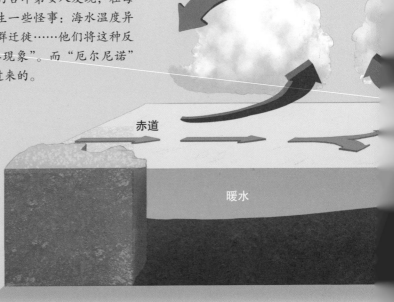

赤道

暖水

"圣女"与"圣婴"的规律

"拉尼娜"现象和"厄尔尼诺"现象往往会交替出现，两者之间的更替需要4年时间。科学家研究了气候观测资料后得出结论："拉尼娜"现象出现的频率比"厄尔尼诺"现象低，强度也比"厄尔尼诺"现象弱。

海流将暖水送往印度尼西亚

南美洲

冷水

"圣女"对气候的影响

"拉尼娜"现象是一种异常自然现象，它通过海洋与大气之间能量的交换暂时改变了大气环流，影响了全球气候的正常运行，为各国带来了麻烦。例如：使印度尼西亚、澳大利亚东部、巴西东北部及非洲南部等地区雨水增多，令太平洋东部和中部地区、阿根廷、美国东南部等地干旱少雨。甚至连中国也会受到它的影响，出现像沙尘、洪水、干旱、气候异常之类的恶劣气象。

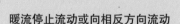

风力削弱或风向逆转造成风暴

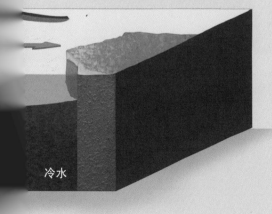

暖流停止流动或向相反方向流动

冷水

可怕的"圣婴"

"厄尔尼诺"现象所造成的灾害要远比"拉尼娜"现象大。许多浮游生物和冷水鱼类因为无法适应海水的异常增温而死亡，海洋生态系统遭到破坏；而升温的海水还会引起飓风、洪水等灾难气象，为沿海各国带来严重的人员伤亡和财产损失。

第五章

海洋危机
与保护

海洋微塑料污染

　　我们都听说过塑料污染，那么，什么是微塑料污染呢？直径小于5毫米的塑料碎片就是"微塑料"，很多微塑料甚至可小到微米乃至纳米级，肉眼根本看不到，因此也被形象地比作海洋中的"$PM_{2.5}$"。专家研究估计，每年大约有800万吨塑料废物从陆地进入海洋，这些塑料垃圾会分解成无数的微塑料颗粒。科研人员实地调查发现，从近海到大洋，从赤道到极地，从浅海到深海，微塑料已经遍布整个海洋系统。

　　海洋微塑料污染是如何产生的？联合国海洋环境专家组发布的《海洋中微塑料的来源、归宿和影响：全球评估》报告将微塑料来源分为初生来源和次生来源。初生来源是指在生产和运输过程中释放到海洋环境中的原料树脂颗粒、个人护理品和清洁剂中的塑料磨砂颗粒等；次生来源微塑料是指塑料垃圾进入海洋环境后，在风浪、紫外线和生物的作用下逐渐破碎或分解形成的塑料碎片。其中，次生来源是海洋微塑料的主要来源。

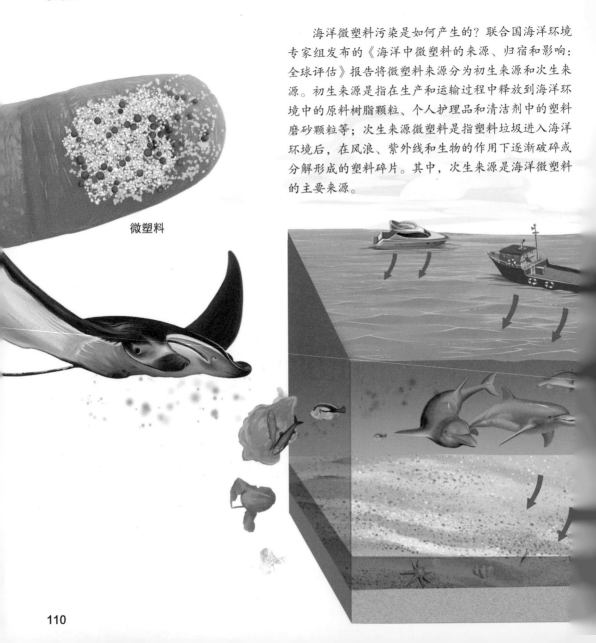

微塑料

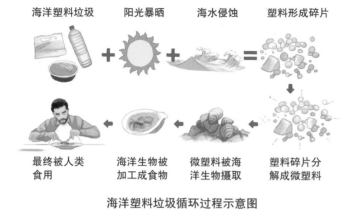

海洋塑料垃圾　阳光暴晒　海水侵蚀　塑料形成碎片

最终被人类　海洋生物被　微塑料被海　塑料碎片分
食用　　　加工成食物　洋生物摄取　解成微塑料

海洋塑料垃圾循环过程示意图

科学家在100多种水生物种的体内发现了微塑料，小到浮游生物，大到鲸鱼，都不可避免地摄取了微塑料，人类在食用海鲜的同时，也摄取了它们体内的微塑料。即便你不吃海鲜，微塑料污染也已经拓展到了淡水资源中。

2014年，首届联合国环境大会上，海洋塑料垃圾污染被列为"十大紧迫环境问题之一"。2015年，第二届联合国环境大会上，微塑料污染成为与全球气候变化、臭氧层耗竭等并列的重大全球环境问题。可见，海洋微塑料污染多么严重。

防控海洋微塑料污染，人们也在寻找解决方案。近年来，世界上很多国家在针对海岸漂浮垃圾处理、化妆品中禁用塑料微珠等方面制订了法案和行动章程。联合国环境规划署也倡议世界各国逐步淘汰并禁止塑料微珠用于个人护理品和化妆品。这条解决之路任重道远，阻碍重重，需要所有人的共同努力。

海洋危机

海洋母亲一直在以博爱的胸怀哺育着人类，为人们无私地贡献着各种资源。可是，环境污染、过度捕捞以及无限制的开发却让这位母亲满目疮痍。昔日纯净湛蓝的海水出现了油污；曾经生机勃勃的海洋动物王国失去了风采，有的成员濒临死亡甚至已经灭绝；令人向往的美丽沙滩、海岸，经常出现垃圾和废弃物……

污水入海

农业或工业上的废水如果未经处理就直接排入海洋，那么其中的一些物质很有可能引起海水富营养化，进而引发赤潮现象，破坏海洋生态平衡，给很多海洋生物带来灭顶之灾。

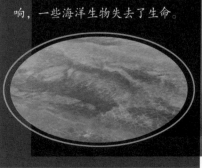

正在向海洋排放污水的管道

海水中的多种微小植物、原生动物或细菌等，受海水富营养化影响，有时会呈暴发性增殖、聚集。一方面这将导致海水中氧气骤减，另一方面变异后的藻类会含有毒素。受这两种因素的影响，一些海洋生物失去了生命。

过度捕捞

现在，渔业技术越来越发达，人类对海洋资源的需求量也在逐年增加，以至于已经超过了海洋的实际承载能力。海洋渔业资源即将面临枯竭的危险。有人预测，如果不加限制，到2050年，人类可能就没有鱼可捕了。

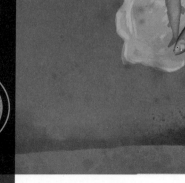

石油泄漏

有关研究表明，石油污染对海洋生态系统的破坏性很大。无论是含油废水排放、油轮失事，还是油田开采溢漏和井喷，都可能让某一片海域变成生命的荒原。

石油污染不仅让无数海洋生物失去了原本美好的家园，还会给它们带来致命的伤害。一次突发的漏油事故，很有可能让上万只海鸟丧命。

2010年4月，英国石油公司在美国墨西哥湾租用的石油钻井平台发生爆炸，造成大量原油泄漏，超过160平方千米的海面受到污染。

过度开发

为了吸引更多游客，获得更多利益，很多海滨受到了粗放型开发。在这种情况下，一些海洋生物被迫失去家园，海岸生态环境也遭到破坏，海洋污染愈加严重。

堆积如山的垃圾

因为环保意识薄弱，很多人将海洋视为垃圾倾倒场，肆意排放各种垃圾。其中，很多垃圾会跟随海水"漂洋过海"。要知道，这些垃圾一方面容易被海洋生物摄入体内，另一方面也可能变成海洋生物的夺命陷阱。

目前，夏威夷和加利福尼亚之间的海域是全世界塑料垃圾污染最严重的地区。受季风和洋流影响，这里已经形成了一个巨型垃圾带。海洋清理基金会的科学家们估计，垃圾带里至少有1.8万亿件塑料垃圾，重达8万吨。

海龟误以为塑料垃圾是可口的水母，殊不知对它来说，这是一种致命毒药。

满是生活垃圾的
夏威夷海滩

海洋保护

人类制造的各种问题让海洋变得伤痕累累。为了让它焕发出新的活力，也为了人类的生存和发展，人人都应该认识到自身所肩负的责任和使命，共同行动起来，全力保护海洋生态环境，还海洋生物一个更洁净的家园。

我们在行动

为了减少生活垃圾对海洋的污染，很多人开始自发地加入清理海洋垃圾的行动中来。另外，人们在潜水、冲浪或进行沙滩活动后，要自觉将垃圾带走。平时，大家也尽量减少塑料制品的使用。这一点一滴，对海洋来说都是一种改变。

再造新家

红树林不仅能防浪护堤，而且可以吸收大量重金属、农药等对海洋生态环境有害的成分，最重要的是，它能为很多海洋生物提供天然的栖息地，促进海洋生态系统良性循环。基于这几点，人们开始在一些海岸植造红树林，改善沿海环境。

法律法规

为了保护日渐脆弱的海洋，人们不仅成立了各种组织，举办各种活动，还一起制定了相应的法律法规，充分约束公众的行为，如《联合国海洋法公约》《防止海洋石油污染国际公约》等。

设立特别保护区

为了保护和改善海洋生态系统，很多国家在具有特殊地理条件、海洋生物聚集等区域设立了海洋特别保护区。目前，中国已经设立了71处国家级的海洋特别保护区。

罗斯海海洋保护区

2017年12月，世界上最大的海洋保护区——罗斯海海洋保护区正式成立。这片保护区面积达155万平方千米，其中112万平方千米禁止任何船舶捕鱼作业。相信在世界各国的努力下，拥有世界最纯净、原始的罗斯海海洋生态系统能得到更好的保护。

罗斯海海洋保护区中准备下海觅食的阿德利企鹅

世界海洋日

每年的6月8日是世界海洋日。联合国设立这个节日的初衷是呼吁全世界人民行动起来，积极保护海洋环境、珍惜海洋资源，学会与海洋生物和谐相处。

第六章

未来海洋城市

未来海洋城市

当今，世界人口日益膨胀、陆地资源日益枯竭，人类居住的陆地环境面临着很多危机：气候变暖、冻土带渐融、粮食减产、能源短缺、森林资源锐减、耕地沙漠化……为了拓展生存空间，人们将目光转向了海洋。很多国家对此进行了构想，并尝试将理想变为现实。

亚历山大水下博物馆

亚历山大水下博物馆正在筹建，博物馆分为水上、水下两部分，水上部分展出已经修复的文物，水下是现存的古代文明，游客可以通过潜水或海底隧道到水下参观。如果这个博物馆建成，它将是世界上第一座水下博物馆。

中国海上漂浮城市

为了缓解城市的压力，中国做出了一个海上漂浮城市的构想和设计。在设计中，城市分为水上、水下多层，拥有住宅区、娱乐区、畜牧区、废物处理区等自给自足的生态系统，并配备有大量生活娱乐空间及设施，满足人们多方面的需求。

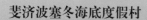

斐济波塞冬海底度假村

斐济波塞冬海底度假村位于南太平洋斐济境内的一个私人小岛上，是世界上第一个星级海底度假酒店。这里拥有不同的住宿环境，最特别的是位于水下12米深的海底客房，拥有270度的广角视野，可以饱览珊瑚礁和水中生态景观。

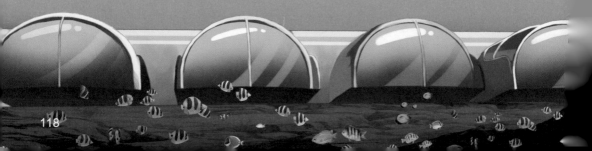

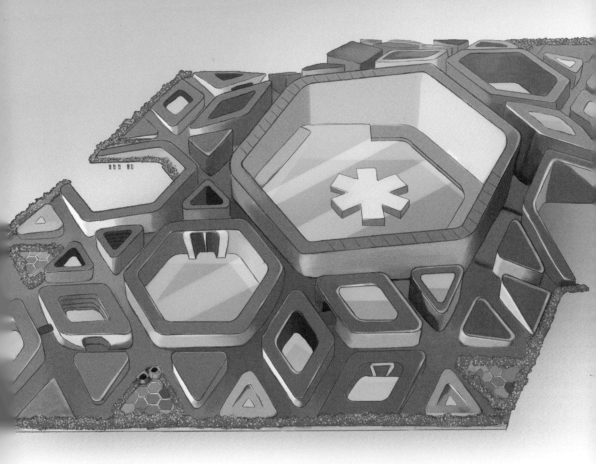

水下刮刀

　　水下刮刀的设计，是一个倒立式摩天大楼，更特别的是它位于水下，同时还运用了仿生学技术。发光的触手不仅可以通过运动收集能量，还可以为海洋动物群提供生活和聚集的场所。

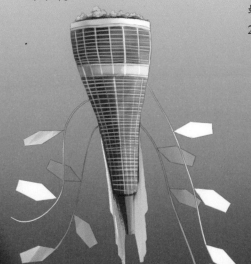

"海洋螺旋"海底城市

　　日本建筑公司Shimizu提出了一个未来都市计划——海洋螺旋海底城市，就是在海底建造一个未来都市，建构分为三个部分：球体城市、螺旋形通道以及海底沼气制造厂。一个圆球城市可以容纳5000人，里面建设有齐全的设施和机构。大圆球直达水面，可以浮在海面上；如果遇到恶劣天气，球体城市就会潜入水中的螺旋通道中去……这个海底城市的构想计划在2029年左右实现。